功夫厨房系列

炖 静心慢火 岁月长

甘智荣　主编

重庆出版集团 重庆出版社

图书在版编目（CIP）数据

炖：静心慢火岁月长 / 甘智荣主编.
—重庆：重庆出版社,2016.3
ISBN 978-7-229-10768-0

Ⅰ.①炖… Ⅱ.①甘… Ⅲ.①炖菜－菜谱
Ⅳ.①TS972.113

中国版本图书馆CIP数据核字(2015)第296132号

炖：静心慢火岁月长
DUN:JINGXIN MANHUO SUIYUE CHANG

甘智荣　主编

责任编辑：陈渝生
责任校对：何建云
装帧设计：深圳市金版文化发展股份有限公司
出版统筹：深圳市金版文化发展股份有限公司

重庆出版集团　出版
重庆出版社

重庆市南岸区南滨路162号1幢　邮政编码：400061　http://www.cqph.com
深圳市雅佳图印刷有限公司印刷
重庆出版集团图书发行有限公司发行
邮购电话：023-61520646
全国新华书店经销

开本：720mm×1016mm　1/16　印张：15　字数：150千
2016年3月第1版　2016年3月第1次印刷
ISBN 978-7-229-10768-0

定价：29.80元

如有印装质量问题，请向本集团图书发行有限公司调换：023-61520678

总序

随着生活节奏的加快，人们在工作之余越来越渴望美食的慰藉。如果您是在职场中打拼的上班族，无论是下班后疲惫不堪地走进家门，还是周末偶有闲暇希望犒劳一下辛苦的自己时，该如何烹制出美味可口而又营养健康的美食呢？或者，您是一位有厨艺基础的美食达人，又如何实现厨艺不断精进，烹制出色香味俱全的美食，不断赢得家人朋友的赞誉呢？当然，如果家里有一位精通烹饪的"食神"那就太好了！然而，作为普通百姓，延请"食神"下厨，那不现实。这该如何是好呢？尽管"食神"难请，但"食神"的技能您可以轻松拥有。求人不如求己，哪怕学到一招半式，记住烹饪秘诀，也能轻松烹制一日三餐，并不断提升厨艺，成为自家的"食神"了。

为此，我们决心打造一套涵盖各种烹饪技法的"功夫厨房"菜谱书。本套书的内容由名家指导编写，旨在教会大家用基本的烹饪技法来烹制各大菜系的美食。

这套丛书包括《炒：有滋有味幸福长》《蒸：健康美味营养足》《拌：快手美味轻松享》《炖：静心慢火岁月长》《煲：一碗好汤养全家》《烤：喷香滋味绕齿间》六个分册，依次介绍了烹调技巧、食材选取、营养搭配、菜品做法、饮食常识等在内的各种基本功夫，配以精美的图片，所选的菜品均简单易学，符合家常口味。本套书在烹饪方式的选择上力求实用、广泛、多元，从最省时省力的炒、蒸、拌，到慢火出营养的炖、煲，再到充分体现烹饪乐趣的烤，必能满足各类厨艺爱好者的需求。

该套丛书区别于以往的"功夫"系列菜谱，在于书中所介绍的每道菜品都配有名厨示范的高清视频，并以二维码的形式附在菜品旁，只需打开手机扫一扫，就能立即跟随大厨学做此菜，从食材的刀工处理到菜品最终完成，所有步骤均简单易学，堪称一步到位。只希望用我们的心意为您带来最实惠的便利！

　　想用一锅软、糯、鲜、香的菜好好款待家人的味蕾和肠胃吗？想用最简单省事儿的方式做一顿大餐吗？想在一碗菜里面吃到五颜六色、五花八门的食材吗？想轻轻松松搭配全面又丰富的营养吗？想从厨房新手华丽变身为厨房功夫之王吗？很简单，这本"功夫厨房"系列的炖菜就是为您准备的。

　　实际上，炖菜的历史是非常久远的。从人类开始使用火之后，炖煮大概就是我们最常用的烹饪方法之一了。我们都知道"问鼎"最开始指的是图谋夺取政权，"鼎"指的就是政权、权势。但是在最初的时候，"鼎"是古代的一种烹饪器具，相当于现在我们使用的锅，用来炖煮食物的。所以说，想要吃炖菜，只要有个锅，把各种蔬菜、肉类洗洗切切，放到锅里小火慢炖就是了。讲究点儿的加点儿油盐酱醋，各式调料，实在想吃健康的就只加点儿盐，炖出来也是好吃得很。

　　本书介绍的就是这种健康、简单又营养丰富的炖菜。

　　首先在第一章中，给您介绍"炖"这种烹饪方法的好处，以及炖菜所使用的锅怎么选。另外，还有炖菜原料的选择方法，教您选到最好的食材，做出最好吃的炖菜。还有一些炖菜的烹饪小窍门，让您成为点石成金的高手。接下来，在第二章中，为您介绍的是素炖菜，全面展现食材的原味之美。在第三章中，介绍的是畜肉类的炖菜，包括猪肉、牛肉、羊肉、排骨、猪蹄等肉类食材。禽、蛋不仅美味，而且营养丰富，在第四章中，为您介绍禽蛋炖菜，包括鸡肉、鸭肉、鸽子、鸡蛋等等。在第五章中，介绍的是江河湖海中的鲜美水产。

　　"炖"不仅可以做成菜，还可以做出美味的甜品呢。在最后一章中，我们为您介绍好吃的"炖"出来的暖心甜品，保证既好看又好吃，还能美容养颜呢。

　　需要说明的是，全书的菜谱不仅配有详细的做法文字和精美成品大图，还有详细的步骤图可以参考。另外，全书所有菜谱都配有二维码视频，只要拿出手机轻轻一扫，菜谱的制作视频立刻出现在您面前，保证一看就懂，一学就会。

　　最后，祝您吃出健康，吃出美味，早日成为厨房里的功夫之王！

目录 ◀◀◀◀◀
CONTENTS

PART 1 炉火边的"炖"菜功夫课 /////////

PART 2 清汤素炖菜，最懂食材原味之美 //////

PART 3 醇香炖肉，大雅还是大俗 /////////

PART 4 禽、蛋入膳，健康滋补好炖味 /////////////

PART 5 江河湖海有美味，炖功中的"鲜"字诀 ///

PART 6 暖心甜品，营养美味不停"炖"//////////

炉火边的
"炖"菜功夫课

想要做出好吃的炖菜，首先要了解炖菜。例如做炖菜要用什么锅？做炖菜的食材怎么选？什么样的食材最新鲜、最美味、最有营养？……本章为你一一解答。

"炖"究竟有什么"过人之处"？

对于在快节奏的工作、生活中的人们来说，一日三餐往往是草草应付的。高温爆炒、多油、多盐、多调料的快餐不仅没有营养，对健康也有很大的害处。如果你想自己做点营养的食物，那就选炖菜吧。

"炖"是一种非常健康、安全、营养的烹饪方式。简单来说，炖菜的好处主要有以下几点。

第一，炖菜可以随意选择、组合多种食材。

蔬菜方面，无论是叶子菜、瓜果类蔬菜、根茎类蔬菜，还是各种菌菇，都可以炖食；畜肉类主要有猪肉、牛肉、羊肉和排骨、筒骨等，炖出来的滋味都非常鲜香；禽蛋类主要有鸡肉、鸭肉、鹅肉、鹌鹑、鸽子和鸡蛋等食材；水产类包括各种淡水鱼、海水鱼、虾、蟹、贝类等。另外，五谷杂粮类的食材也可以炖食，如黄豆、绿豆、红豆、红枣、核桃，以及豆制品等。

第二，炖菜在烹饪制作过程中，主要靠水作为加热介质，温度一般不会超过100摄氏度，这样就能够有效避免加热过度产生的有害物质，让你吃得更加健康和安全。

第三，炖菜烹饪的时候需要加盖，这样能够做到相对与空气隔绝，从而最大限度地保存食物中的营养物质。另外，有研究表明，经长时间加盖炖煮之后，肉类中的胆固醇能够大幅度下降，而对人体有益处的不饱和脂肪酸会增加。

第四，炖菜经过长时间的小火慢炖之后，口感更好，更加容易被消化吸收，有益于肠胃健康。

炖菜锅具到底怎么选？ 炖

想要做得一手好菜，就要有顺手的烹饪"装备"，比如锅。不要小看锅的重要性，如果有一口好锅，即使随便做个菜，也能香味四溢。对于做炖菜来说，市面上可以选择的锅有以下几种。

砂锅

砂锅是陶器的一种，在我国有非常悠久的历史。考古发现，早在新石器时期，人们就开始使用夹砂陶，类似于我们现在使用的砂锅。

砂锅能够均衡而持久地把外界的热能传递给内部原料，相对平衡的环境温度非常有利于水分子与食物之间的相互渗透，促使食物中的鲜香成分溢出，所以砂锅炖出的食物既鲜醇，又酥烂。所以说，砂锅是最适合炖菜的锅具。

另外，砂锅在使用的过程中需要注意一些事情。首先，不要骤热骤冷。使用砂锅要逐渐加温，不要骤然在大火上烧，以免胀裂；烧好食物后，也不要直接把砂锅放在凉的瓷砖等地方。可以放在木架上，或者铁圈上，使其底部不直接触地，悬空自然降温。其次，砂锅不能干烧，不能用来炒菜，否则砂锅容易炸裂。

电压力锅

电压力锅结合了压力锅和电饭锅的优点，是一种比较实用的烹调器具。它具有其他烹调器具无法比拟的优势，能满足多方面的烹饪需要，能快速、安全、自动实现多种烹调方式。

根据电压力锅的操作方式，可以分为传统的机械操作和新式的微电脑操作两种。内胆有不锈钢内胆、黑晶内胆、陶晶内胆等。利用电压力锅来做炖菜，具有快速、安全的特点。

电压力锅在选购、使用的过程中，有一些需要注意的事项。

首先，要有选择地购买压力锅。最重要的是，要挑有品牌、有厂家、有说明

书、质量合格的压力锅，不要买冒牌货。

其次，电压力锅买来之后切忌拿起来就用，这是非常危险的。初次使用压力锅，必须阅读压力锅使用说明书，严格按照说明书要求去做。

电压力锅在每次使用前，要认真检查排气孔是否畅通，安全阀座下的孔洞是否被残留的饭粒或其他食物残渣堵塞。

使用电压力锅放食物原料时，容量不要超过锅内容积的五分之四，如果是豆类等易膨胀的食物则不得超过锅内容积的三分之二。

不锈钢锅

不锈钢锅使用特殊工艺使锅体表面具有一层氧化薄膜，增强了其耐酸、碱、盐等水溶液的性能，同时能耐高温、耐低温，而且美观卫生。但是，不锈钢锅切忌长时间存放菜汤、酱油、盐等酸、碱类物质，以免其中对人体健康不利的微量元素被溶解出来。

不粘锅

不粘锅锅底有一层特氟龙或陶瓷涂层，因此能使食物不粘锅底，同时比其他锅更加省油，可以帮助减少脂肪的摄入，适合追求健康的现代人使用。

使用不粘锅需注意不要选择金属锅铲，以免划破不粘涂层。

常用炖菜原料，教你选到最好的

如何挑选到好的食材，是很多厨房新手急需掌握的知识点。那么怎么才能够选到最新鲜的食材呢?

首先，一定要多买当地盛产的时令食材。本地食材在当地销售，由于没有经过长时间、长距离的运输，营养成分损失较少，尤其是蔬菜、水果等保鲜期比较短的食材。另外，当季食材往往比反季节食材更加新鲜、好吃。

其次，在买菜的时间选择上，可以起早去市场。去菜市场买菜可以货比三家，因此菜品一般都比较新鲜。但最新鲜的菜往往在一大早就被人"抢"走，剩下的品质越来越差，因此要吃到最新鲜的菜，起个大早很有必要。

如果要买海鲜，一定要去批发市场。海鲜批发市场不仅品种多，而且个头大，新鲜度也比较高，并且因为摊位较多，价格也相对公道。下面就介绍常用到的炖菜原料的选购方法。

白菜

白菜营养丰富，耐贮存，我国南北方都有栽培。白菜是市场上最常见的、最主要的蔬菜种类，有"菜中之王"的美称。选购白菜时，可根据外形、颜色、重量、软硬来判断其品质优劣。

（1）观外形：选购白菜的时候，要看根部切口是否新鲜水嫩。

（2）看颜色：颜色是翠绿色的最好，越黄、越白的则越老。

（3）掂重量：整棵购买时要选择卷叶坚实，有重量感的，同样大小的应选更重的。

（4）摸软硬：拿起来捏捏看，要买蓬松一点的。

冬瓜

冬瓜又叫枕瓜，瓜形状如枕，产于夏季。瓜熟之际，表面上有一层白粉状的东西，就好像是冬天所结的白霜，因此而名为"冬瓜"。选购时，可根据外形、颜色、重量等来判断其品质优劣。

（1）观外形：冬瓜的外表如炮弹般的长棒形，以瓜条匀称，表皮有一层粉末，不腐烂、无伤斑的为好。

（2）看颜色：冬瓜一般切开出售，购买时要选瓜皮深绿色，瓜肉雪白的。

（3）掂重量：一般比较重的冬瓜质量较好，瓜身较轻的，可能已变质。

（4）掐瓜肉：如果有切开的冬瓜，可以用指甲掐一下，如果感到瓜皮较硬，肉质细密，一般是质量好的冬瓜。

（5）看瓜籽：切开冬瓜，如果籽粒成熟，并变成黄褐色，口感会比较好。

土豆

土豆是一种同时具有粮食、蔬菜和水果等多重特点的优良食品。购买土豆时，可根据外形、颜色、肉质来判断其品质优劣。

（1）观外形：土豆的外形以肥大而匀称的为好，特别是以圆形的为最好。

（2）看颜色：土豆分黄肉、白肉两种，黄的较粉，白的较甜。如果土豆皮有绿色，则有发芽的迹象，不宜选购。

（3）看肉质：肉质致密，水分少的土豆口感较好。

胡萝卜

胡萝卜为伞形科，一年生或二年

生的根菜，秋冬季节上市。选购胡萝卜时，可根据外形、颜色、软硬来判断其品质优劣。

（1）观外形：选购胡萝卜的时候，以形状规整、表面光滑，且心柱细的为佳，不要选表皮开裂的。

（2）看颜色：选表皮、肉质和心柱均呈橘红色的，且颜色深的。

（3）摸软硬：新鲜的胡萝卜手感较硬，手感柔软的说明放置时间过久。

芋头

芋头口感细软，绵甜香糯，易于消化而不会引起不适，是一种很好的碱性食物，既可作为主食蒸熟蘸糖食用，又可用来制作菜肴、点心。选购芋头时，可根据外形、重量、软硬、纹理来判断其品质优劣。

（1）观外形：购买芋头时应挑选个头端正，表皮没有斑点、干枯、收缩、硬化及有霉变腐烂的。

（2）掂重量：同样大小的芋头，两手掂量下，比较轻的那个会粉些。

（3）摸软硬：可以用手轻轻地捏一捏芋头，硬点的比较好。

（4）看纹理：观察芋头底部的横切面透露出的纤维组织，或者看商家切半卖的大个芋头，切面紫红色的点和丝越多越密，纹理越细腻，口感越粉。

西红柿

西红柿色泽鲜艳、汁多肉厚、酸甜可口，既是蔬菜，又可做果品食用，食用价值很高。购买西红柿时，可根据外形、颜色、重量来判断其品质优劣。

（1）观外形：西红柿以果形周正、圆润、丰满、肉肥厚、心室小者为佳，不仅口味好，而且营养价值高。

（2）看颜色：挑选富有光泽、色彩红艳的西红柿。有蒂的西红柿较新鲜，蒂部呈绿色的更好。

（3）掂重量：质量较好的西红柿手感沉重，如若是个大而轻的说明是中空的西红柿，不宜购买。

香菇

香菇有"山珍"之称，它所含的营养物质对人体非常有益。购买香菇时，可根据外形、颜色、气味、软硬来判断香菇的品质优劣。

（1）观外形：以体圆齐整，杂质含量少，菌伞肥厚，盖面平滑为好。

（2）看颜色：菇面向内微卷曲并有花纹，颜色乌润，菇底白色的为最佳。

（3）闻气味：质量好的食用菌应香气醇正自然无异味，鲜香菇若闻着有酸味则可能变质，不宜食用。

（4）摸软硬：选购干香菇时应选择水分含量较少的。手捏菌柄，若有坚硬感，放开后菌伞随即膨松如故，则质量较好。

猪肉

猪肉是人们餐桌上最重要的动物性食品之一，纤维较为细软，结缔组织较少，经过烹调加工后味道特别鲜美。

选购猪肉时，根据肉的颜色、气味、软硬等可以判断出其品质优劣。

（1）看颜色：新鲜的猪肉看肉的颜色，即可看出其柔软度。同样的猪肉，其肉色较红者，表示肉较老；颜色呈淡红色者，肉质较柔软，品质也较优良。

（2）闻气味：优质的猪肉带有香味，变质的猪肉一般都会有异味。

（3）摸软硬：猪肉的外面往往有一层稍显干燥的膜，肉质紧密，有坚韧性，指压凹陷处恢复较慢；外表湿润，切面有少量渗出液，不粘手。

牛肉

牛肉蛋白质含量高，脂肪含量低，所以味道鲜美，有"肉中骄子"的美称。选购牛肉时，根据外形、颜色、气味等可以判断其品质优劣。

（1）观外形：看肉皮有无红点，无红点的是好肉，有红点者是坏肉。

（2）看颜色：新鲜肉有光泽，红色均匀，较次的肉肉色稍暗；新鲜肉的脂肪洁白或淡黄色，次品肉的脂肪缺乏光泽，变质肉脂肪呈绿色。

（3）闻气味：新鲜肉具有正常的气味，较次的肉有一股氨味或酸味。

羊肉

羊肉是全世界普遍的肉品之一，较猪肉的肉质要细嫩，较猪肉和牛肉的脂肪、胆固醇含量少，温补效果很好，古来素有"冬吃羊肉赛人参，春夏秋食亦强身"之说。选购羊肉时，根据颜色、外形、气味可以判断其品质优劣。

（1）观外形：好的羊肉肉壁厚度一般在4～5厘米，有添加剂的肉壁一般只有2厘米。含瘦肉精的肉一般不带肥肉，或者带很少肥肉。

（2）看颜色：无添加剂的羊肉肉色呈清爽的鲜红色。

（3）闻气味：正常羊肉有一股很浓的羊膻味，有添加剂羊肉的羊膻味很淡而且带有臭味。

鸡肉

鸡肉的肉质细嫩，滋味鲜美，适合多种烹调方法。

新鲜的鸡肉肉质紧密排列，颜色呈干净的粉红色而有光泽；皮呈米色，有光泽和张力，毛囊突出。不要挑选肉和皮的表面比较干，或者含水较多、脂肪稀松的鸡肉。

鹌鹑

俗话说："要吃飞禽，鸽子鹌鹑。"鹌鹑肉、蛋味道鲜美，营养丰富，是典型的高蛋白、低脂肪、低胆固醇食物，被誉为"动物人参"。

（1）活鹌鹑选购：皮肉光滑、嘴柔软的是嫩鹌鹑，品质较好；皮起皱，嘴坚硬的是老鹌鹑，品质较差。

（2）经过处理的鹌鹑肉选购：优质新鲜的鹌鹑肉，肌肉有光泽，脂肪洁白；劣质的鹌鹑肉，肌肉颜色稍暗，脂肪缺乏光泽。

鸡蛋

鸡蛋含有大量的维生素、矿物质及有高生物价值的蛋白质，是人类最好的营养来源之一。鸡蛋可以从外形、气味等方面判定其品质优劣。

（1）观外形：好的鸡蛋，蛋壳清洁、完整、无光泽，壳上有一层白霜，色泽鲜明。

（2）闻气味：用嘴向蛋壳上轻轻哈一口热气，然后用鼻子嗅其气味。好的鸡蛋有轻微的生石灰味，次质鸡蛋有轻度霉味，劣质鸡蛋有霉味、酸味、臭味等不良气味。

（3）试浮沉：将鸡蛋放入冷水中，下沉的是鲜蛋，上浮的是坏蛋。

草鱼

草鱼生长迅速，饲料来源广，是中国淡水养殖的四大家鱼之一。对于市售的草鱼，可以从外形、游动、软硬三方面来判定其是否新鲜。

（1）观外形：新鲜草鱼体光滑、整洁，无病斑，无鱼鳞脱落；眼睛略凸，眼球黑白分明，鳃色鲜红；腹部没有变软、变形、破损。

（2）看游动：买活鱼时，看看鱼在水内的游动情况，新鲜的鱼一般都游于水的下层，没有身斜现象。

（3）摸软硬：新鲜草鱼，肉质坚实但有弹性，手指压后凹陷能立即恢复。

鲫鱼

鲫鱼是主要以植物为食的杂食性鱼，肉质细嫩，营养价值很高。

对于市售的鲫鱼，我们可以从外形、游动、反应来判定其是否新鲜。

（1）观外形：选择鱼体光滑整洁、无病斑、无鱼鳞脱落、体色青灰、体形健壮的为好。新鲜鲫鱼眼睛略凸，眼球黑白分明。

（2）看游动：新鲜的鱼一般都游于水的下层，没有身斜现象。

（3）看反应：品质良好的鲫鱼好动，反应敏捷，游动自如，用网兜捞起来时扭动、挣扎有力。

甲鱼

甲鱼是我国传统的名贵水产品，以美味滋补闻名于世。甲鱼要买鲜活的才能做出美味的菜肴。选购时，可以从以下两方面入手。

（1）观外形：凡外形完整，无伤无病，肌肉肥厚，腹甲有光泽，背胛肋骨模糊，裙厚而上翘，四腿粗而有劲，动作敏捷的为优等甲鱼。

（2）看反应：用手抓住甲鱼的后腿处，如活动迅速、四脚乱蹬、凶猛有力的为优等甲鱼。把甲鱼仰翻过来平放在地，如能很快翻转过来，且逃跑迅速、行动灵活的为优等甲鱼。

PART

清汤素炖菜，
最懂食材原味之美 2

不要以为炖菜就只能炖些鱼啊肉啊，实际上，简简单单的白菜、萝卜、西红柿、豆腐，就能炖出美味营养的素炖菜。

降火翠衣蔬菜汤

烹饪时间：42分钟　　口味：鲜

原料准备

水发薏米···· 100克
黄豆芽·········50克
去皮丝瓜···· 200克
西瓜皮·······500克
姜片···········少许

调料

盐···················2克

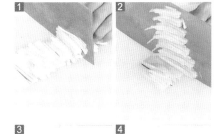

制作方法

1 洗净的丝瓜切片，改切成条。

2 洗好的西瓜皮去除红瓤，白色部分切成薄
　片，去除外皮，切成条。

3 砂锅中注入适量清水，倒入薏米，拌匀，
　加盖，大火煮开转小火煮30分钟至熟。

4 揭盖，放入姜片、丝瓜、西瓜皮，拌匀。

5 加盖，大火续煮10分钟至食材熟软。

6 揭盖，倒入黄豆芽，加入盐。

7 搅拌至入味，关火后盛出煮好的汤，装入
　碗中即可。

炖·功·秘·诀

切好的丝瓜最好浸在清水中，以免氧化变黑。

鲜奶白菜汤

烹饪时间：22分钟　　口味：鲜

原料准备

白菜················80克
牛奶··········150毫升
鸡蛋··············1个
红枣··············5克

调料

盐················2克

制作方法

1 洗净的白菜切成粗条；洗好的红枣切开，去核。

2 取一个碗，打入鸡蛋，搅散，制成蛋液，备用。

3 砂锅中注入适量清水，倒入红枣，盖上盖，用小火煮15分钟；揭盖，放入备好的牛奶、白菜。

4 小火续煮5分钟，加盐、蛋液，拌匀，煮至蛋花成形即可。

炖·功·秘·诀

关火后可用余温闷一会儿，这样汤汁的口感会更佳。

奶油炖菜

烹饪时间：20分钟 口味：鲜

原料准备

去皮胡萝卜···80克

春笋··········100克

口蘑··········50克

去皮土豆·····150克

西蓝花········100克

奶油、黄油·各5克

面粉··········35克

调料

盐、黑胡椒粉各1克

制作方法

1 洗净的口蘑去柄；洗好的胡萝卜、春笋、土豆切滚刀块；洗好的西蓝花切小朵。

2 春笋焯水，捞出待用。

3 锅中倒入黄油，拌匀至熔化，加面粉拌匀，加水、春笋、胡萝卜、口蘑、土豆，拌匀，中火炖15分钟。

4 放西蓝花、盐、奶油、黑胡椒粉，拌匀即可。

炖·功·秘·诀

如果想要该道菜奶香味更浓，可用适量小麦粉和牛奶一起炒成牛奶糊替代面粉。

姜葱淡豆豉豆腐汤

烹饪时间：3分钟　　口味：鲜

原料准备

豆腐·········· 300克

西洋参·········8克

黄芪··········· 10克

淡豆豉··········少许

姜片···········少许

葱段···········少许

调料

盐·················2克

鸡粉··············2克

食用油··········适量

制作方法

1 将豆腐切成片切条，再切成块。

2 将热锅注油烧热，放入豆腐块，翻转两面煎制，使其表面微黄。

3 将豆腐捞出，沥干油分转盘待用。

4 锅底留油烧热，倒入姜片、葱段、淡豆豉，爆香。

5 锅中注入适量清水，倒入豆腐、黄芪、西洋参。

6 盖上锅盖，焖2分钟析出药性；掀开锅盖，加入少许盐、鸡粉。

7 持续搅拌片刻，使食材入味，将煮好的汤盛出装入碗中即可。

炖·功·秘·诀

煎豆腐时，注意翻面的力度，以免豆腐碎掉。

炖·功·秘·诀

银耳需事先把黄色根部去除，以免影响口感。

木瓜银耳汤

烹饪时间：43分钟　口味：鲜

原料准备

木瓜…………200克
枸杞…………30克
水发莲子……65克
水发银耳……95克

调料

冰糖…………40克

制作方法

1. 洗净的木瓜切块，待用。

2. 砂锅注水烧开，倒入切好的木瓜，放入洗净泡好的银耳、莲子，搅匀。

3. 加盖，用大火煮开后转小火续煮30分钟至食材变软；揭盖，倒入枸杞，放入备好的冰糖，搅拌均匀。

4. 加盖，续煮10分钟至食材熟软入味；关火后盛出煮好的甜品汤，装碗即可。

西蓝花玉米浓汤

烹饪时间：6分钟　口味：鲜

原料准备

玉米············100克

西蓝花········100克

黄油··············8克

奶油··············8克

牛奶········150毫升

淀粉············10克

调料

盐················1克

胡椒粉············2克

制作方法

1 洗净的玉米用刀削成粒；洗好的西蓝花切成小块。

2 锅置火上，倒入黄油熔化，放入淀粉、奶油，拌匀。

3 加入牛奶，再次拌匀，注入适量清水，加入玉米粒，
　用大火稍煮2分钟至熟。

4 加盐、胡椒粉，放入西蓝花，煮2分钟至熟即可。

炖·功·秘·诀

入锅煮好的玉米粒可与汤汁一起倒入搅拌机中打成糊状，再
回锅放入西蓝花，能使浓汤更香甜。

菌菇豆腐汤

烹饪时间：3分钟　　口味：鲜

原料准备 🥬

白玉菇	75克
水发黑木耳	55克
鲜香菇	20克
豆腐	250克
鸡蛋	1个
葱花	少许

调料 🧂

盐	3克
胡椒粉	3克
鸡粉	2克
食用油	少许
芝麻油	少许

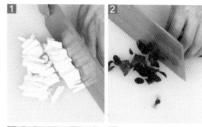

制作方法 🍲

1 洗净的白玉菇切去根部，再切成小段；洗好的香菇切片，再切成小块。

2 洗净的豆腐切成条，改切成小方块；洗好的黑木耳切成小块。

3 鸡蛋打入碗中，拌匀搅散，制成蛋液。

4 锅中注水烧热，加入少许盐，倒入豆腐块，煮1分钟；倒入木耳，再煮1分钟；捞出余煮好的材料，沥干水分，装盘待用。

5 锅中注水烧开，加入少许盐、鸡粉、食用油，放入余过水的材料，放入香菇、白玉菇，拌匀。

6 盖上盖，用中火煮约1分30秒，撒上少许胡椒粉，倒入蛋液，拌匀至浮现蛋花。

7 加芝麻油，拌匀；关火后盛入碗中，撒上葱花即可。

🍲 炖·功·秘·诀

煮此汤时不宜过多搅拌，以免使豆腐破碎。

炖·功·秘·诀

芋头汤煮好后可以盖着锅盖焖一下，芋头的口感会更绵软

芋头汤

烹饪时间：31分钟　口味：鲜

原料准备

芋头…………260克
葱花…………少许

调料

料酒…………4毫升
生抽…………3毫升
胡椒粉………适量
盐……………适量

制作方法

1 洗净去皮的芋头切成条，用斜刀切成菱形块，备用。

2 砂锅中注入适量清水烧开，倒入芋头，盖上锅盖，烧开后用小火煮约30分钟至其变软。

3 揭开锅盖，加入盐、料酒、生抽、胡椒粉搅拌均匀，至食材入味。

4 关火后将煮好的汤料盛出，装入碗中，撒上葱花即可。

红枣竹荪莲子汤

烹饪时间：42分钟　口味：鲜

原料准备

红枣..............3颗
水发竹荪........5根
水发莲子.....130克

调料

冰糖.............40克

制作方法

1 砂锅注水，倒入泡好的莲子。

2 放入泡发洗好的竹荪，倒入洗好的红枣，加入冰糖，拌匀。

3 加盖，用大火煮开后转小火续煮40分钟至食材熟软。

4 揭盖，关火后盛出甜汤，装碗即可。

炖·功·秘·诀

红枣可事先去除枣核，这样更方便食用。

红枣芋头汤

烹饪时间：17分钟　　口味：鲜

原料准备 🌽
去皮芋头·····250克
红枣·············20克

调料 🥄
冰糖·············20克

制作方法 🔥

1 洗净的芋头切成厚片，再切成粗条，改切成丁。

2 砂锅注水烧开，倒入切好的芋头。

3 放入洗好的红枣。

4 加盖，用大火煮开后转小火续煮15分钟至食材熟软。

5 揭盖，倒入冰糖，搅拌至溶化。

6 将锅中的食材搅拌均匀。

7 关火后盛出煮好的甜品汤，装碗即可。

🍲 **炖·功·秘·诀**
生芋头有小毒，炖煮时必须煮熟煮透。

土豆疙瘩汤

烹饪时间：4分钟　　口味：鲜

原料准备 🥔

土豆............40克

南瓜............45克

水发粉丝........55克

面粉............80克

蛋黄............少许

葱花............少许

调料 🧂

盐................2克

食用油.........适量

制作方法 🍳

1 将去皮洗净的土豆、南瓜切丝；洗好的粉丝切段，装入碗中，倒入蛋黄、盐、面粉，搅至起劲，制成面团。

2 煎锅中注油烧热，放入土豆、南瓜，炒熟，盛出待用。

3 汤锅中注水烧开，把面团分成数个剂子，下入锅中，煮至剂子浮起。

4 放入炒好的蔬菜，加盐续煮入味，撒上葱花即成。

炖·功·秘·诀

把剂子做得圆滑些，成品会更好看，能提高食欲。

西红柿豆芽汤

烹饪时间：2分钟　口味：鲜

原料准备

西红柿..........50克

绿豆芽..........15克

调料

盐..................2克

制作方法

1 洗净的西红柿切成瓣，待用。

2 砂锅中注入适量清水，用大火烧热。

3 倒入西红柿、绿豆芽，加入少许盐。

4 搅拌匀，略煮一会儿至食材入味；关火后将煮好的汤料盛入碗中即可。

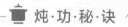

炖·功·秘·诀

绿豆芽不宜煮太久，以免失去其爽脆的口感。

芸豆赤小豆鲜藕汤

烹饪时间：120分钟　　口味：鲜

原料准备

莲藕·········· 300克

水发赤小豆 200克

芸豆·········· 200克

姜片··········· 少许

调料

盐················· 少许

制作方法

1 洗净去皮的莲藕切成块待用。

2 砂锅注入适量清水大火烧热。

3 倒入切好的莲藕、芸豆、赤小豆、姜片，
搅拌片刻。

4 盖上锅盖，煮开后转小火，续煮2个小时至
熟软。

5 掀开锅盖，加入少许盐，搅拌片刻。

6 将煮好的汤盛出装入碗中即可。

炖·功·秘·诀

赤小豆可以用温水泡发，能减少泡发时间。

成功秘诀

黄瓜和西红柿最好在淡盐水浸泡一会儿，能有效去除残留的农药。

玉米豆腐汤

烹饪时间：7分钟　口味：清淡

原料准备

豆腐·············150克
胡萝卜··········50克
小白菜··········10克
玉米面··········30克

调料

盐·················2克
白糖··············3克

制作方法

1. 洗净去皮的胡萝卜切片，切条，改切成丁；洗好的小白菜切成丁；洗净的豆腐横刀切开，再切成丁。

2. 取一碗，倒入玉米面、清水，搅拌成糊状，待用。

3. 锅中注入适量清水烧开，放入胡萝卜丁，拌匀；倒入调好的玉米糊，拌匀；加入豆腐，拌匀，大火煮5分钟至食材熟透。

4. 倒入小白菜，拌匀；放入盐、白糖，拌匀；关火，将煮好的汤盛出装入碗中即可。

青菜香菇魔芋汤

烹饪时间：6分钟　口味：鲜

原料准备

魔芋手卷·····180克

上海青········110克

香菇···········30克

去皮胡萝卜·130克

姜片、葱花各少许

调料

浓汤宝·········20克

盐·············2克

鸡粉、胡椒粉各3克

制作方法

1 解开魔芋手卷的绳子；香菇切花刀；洗净的上海青对半切开；洗好的去皮胡萝卜切片。

2 魔芋手卷浸泡片刻，捞出待用。

3 用油起锅，放姜片爆香，倒入胡萝卜片、香菇，炒香，放入浓汤宝、水，煮沸。

4 倒入魔芋手卷、上海青，拌匀，加盐、鸡粉、胡椒粉，搅拌入味，撒上葱花即可。

炖·功·秘·诀

魔芋手卷用水浸泡片刻，可以减少烹煮的时间。

黄豆白菜炖粉丝

烹饪时间：7分钟　　口味：鲜

原料准备

熟黄豆·········150克
水发粉丝·····200克
白菜···········120克
姜丝·············少许
葱段·············少许

调料

盐······················2克
鸡粉·············少许
生抽···········5毫升
食用油·········适量

制作方法

1 将洗净的白菜切长段，再切粗丝。

2 用油起锅，撒上姜丝、葱段，爆香。

3 倒入白菜丝，炒匀，至其变软，淋入少许
生抽。

4 炒匀，注入适量清水，大火煮沸，倒入洗
净的黄豆拌匀。

5 加入少许盐、鸡粉，拌匀调味。

6 盖上盖，用中火煮约5分钟，至食材熟透。

7 揭盖，倒入洗净的粉丝，搅散，煮至熟
软，关火后盛在碗中即可。

炖·功·秘·诀

放入粉丝以后宜转大火，这样食材更易煮熟透，口感也会更
加有韧劲。

PART 3

醇香炖肉，
大雅还是大俗

肉类，尤其是畜肉类，是最适合炖着吃的食材。猪肉加入白菜、豆腐、粉条，牛腩加入土豆做炖菜，保证爽翻你的味蕾！

五味子炖猪肝

烹饪时间：62分钟   口味：鲜

原料准备

猪肝·········200克
红枣·········20克
五味子········10克
姜片·········20克

调料

盐···············2克
鸡粉···········2克
生抽···········4毫升
料酒·········10毫升

制作方法

1 处理好的猪肝切成片；锅中注入适量清水烧开，倒入猪肝片，余去血水。

2 捞出猪肝，沥干水分，装入炖盅，备用。

3 锅中倒入适量清水烧开，放入姜片、五味子、红枣。

4 淋入适量料酒，加入少许盐、鸡粉、生抽，搅拌均匀，煮至沸。

5 将煮好的汤料盛入炖盅里，把炖盅放入烧开的蒸锅中。

6 盖上盖，用中火炖1小时，至食材熟透。

7 揭开盖，取出炖盅即可。

炖·功·秘·诀

红枣可以先在表面割一个小口子，这样，煮的时候能更好地析出药性。

炖·功·秘·诀

炸芋头时油温不宜过高，以免炸煳了影响口感。

红酒炖羊排

烹饪时间：57分钟　口味：鲜

原料准备

羊排骨段·········300克
芋头·············180克
胡萝卜块·········120克
芹菜··············50克
红酒·········180毫升
蒜头、姜片、
葱段··········各少许

调料

盐、白糖、鸡粉、
生抽、料酒、
食用油··········各适量

制作方法

1 去皮洗净的芋头切成小块；洗净的芹菜切长段；芋头块炸香，捞出沥干油，待用。

2 锅中注水烧开，倒入洗净的羊排骨段，淋入料酒，拌匀，用大火汆去血水，捞出待用。

3 用油起锅，倒入羊排骨炒匀；放入蒜头、姜片、葱段爆香；加红酒、清水，烧开后用小火煮约30分钟，倒入芋头、胡萝卜块，加盐、白糖、生抽，拌匀，撇去浮沫，用小火续煮25分钟。

4 放入芹菜段、鸡粉，用大火炒匀，至汤汁收浓；关火后盛入盘中即成。

元蘑骨头汤

烹饪时间：62分钟　口味：鲜

原料准备

排骨············230克

水发香菇······65克

水发元蘑······70克

姜片············少许

调料

盐、鸡粉·····各2克

胡椒粉············3克

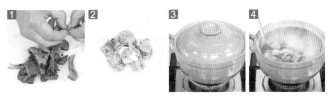

制作方法

1. 洗净的元蘑用手撕成小块；锅中注水烧开，放入洗净的排骨，氽煮片刻。

2. 关火后盛出氽煮好的排骨，沥干水分，装盘待用。

3. 砂锅中注水烧开，倒入排骨、香菇、元蘑、姜片，拌匀，加盖，大火煮开后转小火煮1小时至熟透。

4. 加盐、鸡粉、胡椒粉，搅拌至入味，装入碗中即可。

炖·功·秘·诀

煮汤时一定要一次性倒入足量水，中途不要添加，否则会冲淡汤的鲜味。

冬菇玉米排骨汤

烹饪时间：62分钟　　口味：鲜

原料准备

去皮胡萝卜 100克

玉米…………170克

排骨块………250克

水发冬菇……60克

调料

盐………………2克

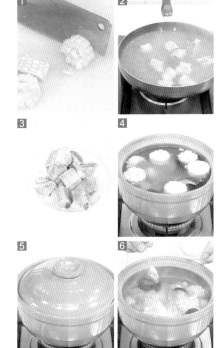

制作方法

1 洗净去皮的胡萝卜切滚刀块；洗好的玉米切段；洗净的冬菇去柄。

2 锅中注入适量清水烧开，放入洗净的排骨块，汆煮片刻。

3 关火后捞出汆煮好的排骨块，沥干水分，装入盘中，待用。

4 砂锅中注入适量清水烧开，倒入排骨块、胡萝卜块、玉米段、冬菇，拌匀。

5 大火煮开后转小火煮1小时至食材熟透。

6 揭开盖，加入适量盐。

7 搅拌至入味后盛入碗中即可。

炖·功·秘·诀

煮汤的中途如果实在要加水，就要加开水，以免破坏汤汁的美味和营养。

炖·功·秘·诀

猪蹄上的细毛较难去除，可放在火上略烤几下。

灵芝猪蹄

烹饪时间：47分钟　口味：鲜

原料准备

猪蹄块........350克
冬瓜块........200克
姜片、葱段、灵
芝、八角...各少许

调料

料酒............5毫升
盐................2克
鸡粉............2克
食用油..........适量

制作方法

1. 锅中注入适量清水烧开，倒入猪蹄块，淋入少许料酒，搅匀，煮约1分钟，余去血水，捞出，沥干水分，待用。

2. 用油起锅，放入姜片，爆香，倒入猪蹄，快速炒匀，放入八角、葱段，炒香。

3. 注入适量热水，放入灵芝，加入料酒，盖上盖，烧开后用小火煮约30分钟；揭开盖，加入盐、鸡粉，倒入冬瓜块，拌匀。

4. 再盖上盖，用中小火续煮15分钟至食材熟透，揭开盖，搅拌均匀，盛出即可。

四季豆炖排骨

烹饪时间：50分钟　口味：鲜

原料准备

排骨段········260克

四季豆········150克

彩椒············30克

八角、花椒、姜片、

葱段··········各少许

调料

盐、鸡粉······各2克

料酒············4毫升

生抽············5毫升

胡椒粉、水淀粉、

食用油······各适量

制作方法

1 将洗净的彩椒切成小块；洗好的四季豆切成长段。

2 洗净的排骨余去血水，捞出待用。

3 用油起锅，放姜片、葱段爆香，倒入排骨、料酒炒香，加生抽、八角、花椒炒香，注水，焖煮30分钟。

4 揭盖，加盐、生抽、四季豆，拌匀，用中小火续煮15分钟，放彩椒、鸡粉、胡椒粉、水淀粉炒匀即可。

炖·功·秘·诀

余煮排骨时会有浮沫，将其撇去后口感会更好。

山药白果炖牛肉

烹饪时间：82分钟　　口味：鲜

原料准备

水发香菇........5克
山药丁..........30克
熟鸡蛋..........1个
白果............10克
牛肉块........200克
熟松子仁........5克
红枣............8克

雪梨块........200克
蒜末、葱花·各少许

调料

盐..............3克
鸡粉............2克
胡椒粉、水淀粉、
生抽、料酒·各适量

制作方法

1 锅中注水烧开，倒入洗净的白果，略煮一
  会儿，捞出装盘备用。

2 锅中放入牛肉、料酒，汆去血水，捞出。

3 砂锅中注水烧开，倒入牛肉、香菇、红
  枣、料酒，用大火煮开后转小火煮1小时。

4 揭盖，放入山药、蒜末，续煮20分钟。

5 熟鸡蛋去壳，再切成小块，待用。

6 揭盖，倒入白果、雪梨拌匀，加入生抽、
  盐、鸡粉、胡椒粉，倒入水淀粉勾芡。

7 关火后盛出炖煮好的菜肴，装入碗中，放
  上松子仁、鸡蛋，撒上葱花即可。

> 🍲 炖·功·秘·诀
>
> 白果有微毒，不宜多吃，烹饪的时候要先将其汆煮一会儿，
> 以减轻其毒性。

大麦猪骨汤

烹饪时间：92分钟　　口味：鲜

原料准备

水发大麦···· 200克
排骨············250克

调料

盐·················2克
料酒··············适量

制作方法

1 锅中注入适量清水烧开，倒入洗净的猪骨，淋入料酒，汆煮片刻；关火，将汆煮好的猪骨捞出，装盘备用。

2 砂锅中注入适量清水烧开，倒入猪骨、大麦。

3 淋入料酒，拌匀，加盖，大火煮开，转小火煮90分钟。

4 揭盖，加入盐，拌匀，装入碗中即可。

炖功秘诀

汆煮排骨时，要等水烧开后再放入排骨，这样能锁住排骨的营养。

杏仁雪梨炖瘦肉

烹饪时间：95分钟　口味：鲜

原料准备

雪梨	150克
瘦肉	60克
杏仁	20克
姜片	适量

调料

盐	1克
鸡粉	1克

制作方法

1 洗好的瘦肉切块儿，余水；洗净的雪梨去核，切块。

2 取一空碗，倒入瘦肉、雪梨、杏仁、姜片，注入适量清水，加入盐、鸡粉，搅拌均匀，待用。

3 将装有食材的碗放入电蒸锅，旋至"炖"，进入蒸炖模式。

4 不锈钢锅内加入清水，炖煮90分钟至炖汤熟透入味；断电，揭盖，取出炖汤即可。

炖·功·秘·诀

雪梨本身有甜味，与瘦肉炖煮后，鲜味析出，可不放鸡粉。

板栗龙骨汤

烹饪时间：92分钟　　口味：鲜

原料准备

龙骨块········ 400克

板栗··········· 100克

玉米段········ 100克

胡萝卜块···· 100克

姜片·············· 7克

调料

料酒··········· 10毫升

盐·················· 4克

制作方法

1　砂锅中注水烧开，倒入处理好的龙骨块。

2　加料酒、姜片拌匀，大火烧片刻，撇去浮沫。

3　倒入玉米段，拌匀，加盖，小火煮1小时至析出有效成分。

4　揭盖，加入洗好的板栗，拌匀，加盖，小火续煮15分钟至熟。

5　揭盖，倒入洗净的胡萝卜块，拌匀，加盖，小火续煮15分钟至食材熟透。

6　揭盖，加入盐，搅拌片刻。

7　关火，将煮好的汤盛出，装入碗中即可。

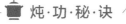

🥘 **炖·功·秘·诀**

龙骨可先汆水，以去腥味，汤的味道更鲜美。

炖·功·秘·诀

猪蹄可以先在烧热的锅中来回擦拭几次，这样能去除猪蹄表面细小的猪毛。

板栗桂圆炖猪蹄

烹饪时间：62分钟　口味：鲜

原料准备

猪蹄块	600克
板栗肉	70克
桂圆肉	20克
核桃仁、葱段、姜片	各少许

调料

盐	2克
料酒	7毫升

制作方法

1 洗好的板栗对半切开；锅中注入适量清水烧开，倒入洗净的猪蹄，加入适量料酒，拌匀，略煮一会儿，汆去血水，捞出待用。

2 砂锅中注入适量清水烧热，倒入姜片、葱段，放入备好的核桃仁、猪蹄、板栗、桂圆肉。

3 加入料酒，拌匀，盖上盖，用大火煮开后转小火炖1小时至食材熟软。

4 揭盖，加入盐，拌匀至食材入味，关火后盛出炖好的菜肴，装入碗中即可。

桔梗牛肚汤

烹饪时间：35分钟　口味：鲜

原料准备

牛肚…………120克

黄豆芽………65克

蕨菜…………85克

胡萝卜………40克

水发桔梗……30克

葱段、姜片各少许

调料

盐……………2克

胡椒粉………少许

料酒…………5毫升

制作方法

1. 蕨菜洗净切段；胡萝卜去皮洗好切条；牛肚洗净切粗丝。

2. 砂锅中注水烧热，倒入牛肚丝、桔梗、胡萝卜、蕨菜。

3. 撒上葱段、姜片，淋入少许料酒，拌匀，烧开后用小火煮约30分钟至食材熟软；倒入洗净的黄豆芽，拌匀。

4. 加入盐、胡椒粉，拌匀，略煮一会儿至黄豆芽熟透，关火后盛入碗中即成。

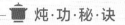

炖·功·秘·诀

牛肚可先汆水，这样能减少其腥味。

桑寄生炖猪腰

烹饪时间：33分钟　　口味：鲜

原料准备

桑寄生·········10克

猪腰··········200克

姜片、葱段各少许

调料

盐·····················2克

鸡粉··············2克

料酒··········7毫升

制作方法

1 洗净的猪腰对切开，切去白色筋膜，再切
  上网格花刀，切大块，备用。

2 砂锅中注入适量清水，用大火烧热。

3 倒入备好的桑寄生、姜片、葱段、猪腰。

4 淋入少许料酒，搅拌均匀。

5 盖上锅盖，烧开后转小火煮半小时至食材
  熟软。

6 揭开锅盖，撇去浮沫。

7 加入少许盐、鸡粉，搅匀调味；关火后将
  炖煮好的菜肴盛出，装入碗中即可。

 炖·功·秘·诀

处理猪腰时要将白色筋膜去除干净，以免影响口感。

炖·功·秘·诀

氽煮猪蹄的时候可以放点白醋，去腥效果更好。

海底椰无花果猪蹄汤

烹饪时间：153分钟　口味：鲜

原料准备

海底椰	适量
无花果	适量
杏仁	10克
薏苡仁	30克
龙牙百合	10克
木耳	5克
猪蹄	200克

调料

盐	2克

制作方法

1 洗净的海底椰、无花果、杏仁、薏苡仁泡发5分钟；洗好的龙牙百合泡发5分钟；洗净的木耳泡发30分钟；捞出待用。

2 沸水锅中放入洗净的猪蹄，煮至去除血水和脏污，捞出沥干水分，装盘待用。

3 砂锅注水，倒入猪蹄，放入海底椰、无花果、杏仁、薏苡仁、木耳，搅匀，用大火煮开后转小火续煮2小时至食材熟软。

4 揭盖，倒入龙牙百合搅匀，续煮30分钟，加入盐，搅匀调味即可。

淮杞鹿茸炖牛鞭

烹饪时间：126分钟　口味：鲜

原料准备

牛鞭············400克

淮山············5克

红枣············10克

鹿茸片············3克

姜片、枸杞各少许

调料

盐············2克

鸡粉············2克

料酒············适量

制作方法

1 砂锅中注水，放入姜片、牛鞭、料酒，用大火煮30分钟，捞出放凉，切成段，待用。

2 炖盅放牛鞭、鹿茸片、淮山、红枣、枸杞、姜片、水、料酒。

3 蒸锅中注水烧开，放入炖盅，盖上盖，用大火煮开后转小火炖2小时，放盐、鸡粉，续炖5分钟。

4 关火后揭盖，取出炖盅，揭开炖盅盖即可食用。

炖·功·秘·诀

若喜欢比较软烂的口感，可以适当延长炖煮的时间。

西洋参玉竹猪肚汤

烹饪时间：96分钟　　口味：鲜

原料准备

猪肚…………270克

西洋参…………少许

麦冬…………少许

枸杞…………少许

玉竹…………少许

姜片…………少许

调料

盐、鸡粉……各2克

胡椒粉…………少许

料酒…………9毫升

制作方法

1 锅中注水烧开，倒入洗净的猪肚，淋入少许料酒，用中火煮一会儿，去除油脂。

2 捞出猪肚，放凉，用斜刀切片，备用。

3 砂锅中注入适量清水烧热，倒入洗净的麦冬、玉竹、姜片。

4 放入切好的猪肚，淋入少许料酒，盖上盖，烧开后用小火煮约90分钟。

5 揭盖，撒上洗净的西洋参、枸杞，拌匀，用中火煮约5分钟。

6 加入少许盐、鸡粉，撒上胡椒粉。

7 拌匀调味，关火后盛入碗中即成。

🍲 炖·功·秘·诀

猪肚放凉后可先将其油脂刮去，这样煮好的汤汁就不会太油腻了。

南瓜豌豆牛肉汤

烹饪时间：21分钟　　口味：鲜

原料准备

牛肉...........150克

南瓜...........180克

口蘑...........30克

豌豆...........70克

姜片、香叶各少许

调料

料酒...........6毫升

盐...............2克

鸡粉...........2克

制作方法

1 洗净的口蘑切成小块；洗净去皮的南瓜切成片；处理好的牛肉切成片。

2 豌豆、口蘑、南瓜氽煮半分钟，捞出，沥干水分，待用；牛肉氽煮至转色，捞出，沥干水分，待用。

3 砂锅中注入适量清水，大火烧热，放入姜片、香叶、牛肉、料酒、豌豆、口蘑、南瓜，烧开后转小火炖20分钟至熟。

4 放入鸡粉、盐，搅匀调味，盛出即可。

炖·功·秘·诀

制作此清汤时，可以放入少许茶叶，不仅香味更浓，而且牛腩也更易煮熟。

炖·功·秘·诀

白菜不宜炖太久，否则会过于软烂，影响菜品的口感。

原料准备

猪血…………150克
豆腐…………155克
白菜叶………80克
水发榛蘑……150克
高汤…………250毫升
姜片、葱花各少许

调料

盐、鸡粉……各2克
胡椒粉…………3克
食用油…………适量

制作方法

1 将洗净的豆腐切块；处理好的猪血切成小块，待用。

2 用油起锅，倒入姜片，爆香；放入洗净的榛蘑，炒匀。

3 倒入高汤、豆腐块、猪血，加入盐，拌匀；放入白菜叶，加入鸡粉、胡椒粉，搅拌约2分钟至入味。

4 关火后盛入碗中，撒上葱花即可。

烹饪时间：4分钟　口味：鲜

猪血榛蘑汤

燕窝玉米银杏猪肚汤

烹饪时间：132分钟　　口味：鲜

原料准备

猪肚…………230克

玉米块………160克

白果…………60克

燕窝…………少许

姜片…………少许

调料

盐………………2克

鸡粉……………2克

胡椒粉…………2克

料酒…………少许

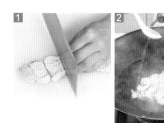

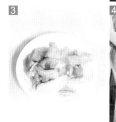

制作方法

1 洗净的猪肚切开，再切成块。

2 锅中注入适量清水烧开，倒入猪肚，淋入适量料酒，用中火煮约2分钟，除去异味。

3 捞出猪肚，沥干水分，待用。

4 砂锅中注入适量清水烧开，倒入猪肚、玉米块，放入白果、姜片，淋入少许料酒。

5 盖上盖，烧开后用小火煮约2小时；揭开盖，放入洗好的燕窝。

6 再盖上盖，用小火煮约10分钟。

7 揭开盖，加入少许盐、鸡粉、胡椒粉，拌匀调味；关火后盛出煮好的猪肚汤即可。

炖·功·秘·诀

煮汤时玉米须可保留，不仅能增加汤的香甜味，还有利水、消肿的功效。

炖·功·秘·诀

排骨氽水时间不要太差，以免煮出来影响口感。

玉米排骨汤

烹饪时间：60分钟　口味：鲜

原料准备

玉米段········ 200克
排骨··········· 250克
生姜·············· 5克
葱花·············· 5克
葱段············· 少许

调料

盐················· 3克
料酒··········· 5毫升
鸡精·············· 2克

制作方法

1 锅中注入适量清水，大火烧热，倒入备好的排骨，淋入少许料酒，氽煮去血水，将氽好的排骨捞出，沥干水分。

2 锅中注入适量清水，大火烧开，倒入玉米、排骨、姜片、葱段，搅拌片刻。

3 盖上锅盖，烧开后转小火煮1个小时使其熟透，掀开锅盖，加入少许盐、鸡精。

4 搅拌片刻，使食材入味；关火，将煮好的汤盛出装入碗中，撒上葱花即可。

生地桃仁红花炖瘦肉

烹饪时间：71分钟　　口味：鲜

原料准备

猪瘦肉………180克

生地……………6克

桃仁…………18克

红花……………5克

姜片、葱段各少许

调料

盐………………2克

料酒………10毫升

制作方法

1 洗净的猪瘦肉切成丁；取一个纱袋，放入红花、生地、桃仁，扎紧袋口，制成药袋，待用。

2 锅中注水烧开，倒入瘦肉丁，淋入料酒，氽水，捞出。

3 砂锅中注水烧开，放入姜片、葱段、药袋、瘦肉丁，烧开后用小火煮10分钟，淋入料酒，用小火续煮1小时。

4 加入少许盐，拌匀调味，拣出药袋即可。

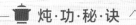

炖·功·秘·诀

盐不宜放太多，以免降低药材的药效。

红腰豆炖猪骨

烹饪时间：62分钟　　口味：鲜

原料准备

红腰豆········150克

猪骨··········250克

姜片···········少许

调料

盐·················2克

料酒············适量

制作方法

1 锅中注入适量清水烧开，倒入猪骨，淋入料酒，氽煮片刻。

2 关火，将氽煮好的猪骨捞出，装盘备用。

3 砂锅中注入适量清水，用大火烧开，倒入猪骨，拌匀。

4 加入姜片、红腰豆，淋入料酒，拌匀。

5 加盖，小火炖1小时至熟。

6 揭盖，放入盐，拌匀。

7 关火，将炖好的猪骨盛出装入碗中即可。

炖·功·秘·诀

猪骨氽水的时间不宜过久，以免其中的营养成分流失太多，降低营养价值。

炖·功·秘·诀

将木耳放入到温水中，加少许盐可以让木耳快速变软。

白菜豆腐肉丸汤

烹饪时间：18分钟　口味：鲜

原料准备

肉丸…………240克
水发木耳……55克
大白菜………100克
豆腐…………85克
姜片…………少许
葱花…………少许

调料

盐……………1克
鸡粉…………2克
胡椒粉………2克
芝麻油………适量

制作方法

1 将洗净的白菜切开，再切成小块；洗好的豆腐切开，再切成小方块，备用。

2 砂锅中注入适量清水烧开，倒入肉丸、姜片、豆腐、木耳，拌匀。

3 盖上盖，烧开后用小火煮15分钟；揭盖，倒入白菜，加入适量盐、鸡粉、胡椒粉，拌匀，至食材入味。

4 关火后盛出煮好的肉丸汤，装入碗中，淋入少许芝麻油，点缀上葱花即可。

红枣山药炖猪脚

烹饪时间：95分钟　口味：鲜

原料准备

猪蹄⋯⋯⋯⋯230克

红枣⋯⋯⋯⋯30克

去皮山药⋯⋯80克

姜片⋯⋯⋯⋯少许

调料

盐、鸡粉⋯⋯各1克

冰糖⋯⋯⋯⋯15克

胡椒粉⋯⋯⋯⋯2克

料酒⋯⋯⋯⋯5毫升

制作方法

1 洗好的山药切块；猪蹄氽水，捞出沥干水分，待用。

2 砂锅中放入猪蹄、冰糖，注水，加盖，用大火煮开。

3 揭盖，倒入洗净的红枣，放入姜片，搅拌均匀，加盖，再次煮开后转小火炖30分钟至食材微软。

4 倒入山药搅匀，用大火煮开后转小火炖60分钟，加盐、鸡粉、胡椒粉搅匀；关火后盛出装碗即可。

炖·功·秘·诀

山药切完后如果不立即使用，要将山药泡在水里，避免氧化变黑。

红烧肉炖粉条

烹饪时间：67分钟　　口味：鲜

原料准备

水发粉条···· 300克

五花肉········ 550克

姜片··········· 少许

葱段··········· 少许

八角··········· 1个

调料

盐、鸡粉····· 各1克

白糖··········· 2克

老抽··········· 3毫升

料酒··········· 5毫升

生抽··········· 5毫升

食用油········· 适量

制作方法

1 洗净的五花肉切粗条，切块。

2 泡好的粉条从中间切成两段。

3 沸水锅中倒入五花肉，汆煮一会儿至去除血水及脏污，捞出沥干水分，待用。

4 热锅注油，倒入八角、姜片、葱段爆香；放入五花肉，炒匀，加料酒、生抽炒匀。

5 加水，加老抽、盐、白糖，用小火炖1小时。

6 揭盖，倒入粉条拌匀，加入鸡粉，拌匀。

7 加盖，续煮5分钟至熟软，揭盖，拌匀，关火后盛出红烧肉粉条，装碗，放上香菜点缀即可。

炖·功·秘·诀

生抽本身有鲜味，可不放鸡粉。如果是冬天，粉条最好用温水泡发。

炖·功·秘·诀

切好的藕可以放在水里浸泡，以免氧化变黑。

原料准备

莲藕…………330克
排骨…………480克
红腰豆………100克
姜片…………少许

调料

盐……………3克

红腰豆莲藕排骨汤

烹饪时间：122分钟　口味：鲜

制作方法

1 洗净去皮的莲藕切成块状，待用。

2 锅中注入适量清水，大火烧开，倒入备好的排骨，搅匀，汆煮片刻，捞出沥干水分，待用。

3 砂锅中注入适量清水烧热，倒入排骨、莲藕、红腰豆、姜片，搅拌匀。

4 盖上锅盖，煮开后转小火煮2小时至熟透；掀开锅盖，加入少许盐，搅匀调味；将煮好的排骨汤盛出装入碗中即可。

红花炖牛肉

烹饪时间：106分钟　口味：鲜

原料准备

牛肉............300克

土豆............200克

胡萝卜..........70克

红花............20克

花椒、姜片、

葱段............各少许

调料

料酒............20毫升

盐................2克

制作方法

1　洗好去皮的土豆切丁；洗净去皮的胡萝卜切块；洗好的牛肉切丁。

2　牛肉丁汆去血水，捞出，沥干水分，待用。

3　砂锅中注水烧开，倒入牛肉丁、姜片、葱段，放入洗好的红花、花椒，淋入料酒，烧开后转小火炖90分钟。

4　倒入土豆、胡萝卜，小火炖15分钟，加盐拌匀即可。

炖·功·秘·诀

牛肉的纤维较粗，切的时候用刀背敲打片刻再切，这样炖出来的牛肉口感会更好。

红酒炖牛肉

烹饪时间：66分钟　　口味：鲜

原料准备

牛肉块········200克

口蘑············60克

胡萝卜········95克

洋葱············87克

红酒········150毫升

调料

番茄酱·········40克

盐··················3克

鸡粉··············2克

白糖··············3克

食用油·········适量

制作方法

1 洗净去皮的胡萝卜切滚刀块。

2 洋葱洗净切块；洗净的口蘑对半切开。

3 锅中注水烧开，倒入牛肉块，余煮片刻，捞出沥干水分，待用。

4 用油起锅，倒入洋葱、胡萝卜、口蘑、牛肉块，翻炒出香味。

5 淋上红酒，加入番茄酱、盐，炒匀；关火，将菜肴盛出装入砂锅中。

6 砂锅中注入适量清水，盖上锅盖，用大火煮开后转小火炖1个小时。

7 放入白糖、鸡粉，搅匀调味即可。

炖·功·秘·诀

喜欢酒味重一点的，可以适量加一点白兰地，成品的口感会更好。

炖·功·秘·诀

肉馅要搅拌至起劲，这样吃起来更劲道。

清炖狮子头

烹饪时间：15分钟　口味：鲜

原料准备

菜心…………20克
鸡蛋…………1个
马蹄肉………60克
五花肉末…200克
葱花、姜末、
枸杞…………各少许

调料

盐…………3克
鸡粉、生粉、料
酒、生抽…各适量

制作方法

1 洗好的马蹄肉切片，再切条，改切成碎末。

2 取一个碗，倒入备好的肉末，放入姜末、葱花、马蹄肉末，打入鸡蛋，加入盐、鸡粉、料酒、生粉，拌匀，待用。

3 锅中注入适量清水烧开，把拌匀的材料揉成肉丸，放入锅中，加入盐、生抽，拌匀，煮10分钟至其熟软。

4 倒入洗净的菜心，拌匀，煮2分钟至菜心熟透，捞出，装入碗中，放上枸杞即可。

肉丸冬瓜汤

烹饪时间：22分钟　口味：鲜

原料准备

冬瓜·········500克

五花肉末····250克

葱花··········10克

调料

盐··············3克

鸡粉··········2克

淀粉··········10克

制作方法

1 洗净的冬瓜切小块；五花肉末加盐、鸡粉、淀粉拌匀腌渍，捏成肉丸，装碗待用。

2 电饭锅通电后倒入肉丸，放入冬瓜，加水至没过食材。

3 盖上盖子，按下"功能"键，调至"蒸煮"状态，煮20分钟至食材熟软入味。

4 按下"取消"键，打开盖子，倒入葱花拌匀即可。

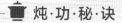

炖·功·秘·诀

肉末中可以放点胡椒粉搅拌，味道会更好。

胡萝卜牛尾汤

烹饪时间：132分钟　　口味：鲜

原料准备

牛尾段······ 300克

去皮胡萝卜·150克

姜片、葱花各少许

调料

料酒··········5毫升

盐·················2克

鸡粉··············2克

白胡椒粉········2克

制作方法

1　洗净去皮的胡萝卜切滚刀块。

2　洗净的牛尾段焯水，捞出沥干水分，待用。

3　砂锅中注水烧开，放入牛尾段，淋上料酒，搅匀，盖上盖，用大火煮开。

4　揭开盖，放入姜片，盖上盖，用小火煲煮约100分钟至牛尾段变软。

5　揭开盖，倒入胡萝卜块，搅匀；盖上盖，用中小火续煮约30分钟至食材熟软。

6　加入盐、鸡粉、白胡椒粉。

7　搅匀调味，关火后将煮好的汤盛入碗中，撒上葱花即可。

炖·功·秘·诀

牛尾适宜炖食，炖煮时间可稍长一些，2~3小时为宜，汤汁浓稠，风味较佳。

炖·功·秘·诀

蚕豆不易熟透，并且吸水性强，所以应多加些水。

核桃远志炖蚕豆

烹饪时间：32分钟　口味：鲜

原料准备 🔪

猪骨段………450克
蚕豆…………200克
花生米………120克
核桃仁、远志、姜
片、葱段…各少许
鸡油……………适量

调料 🥄

盐、鸡粉……各2克
料酒…………12毫升
胡椒粉…………少许

制作方法 🍳

1 锅中注入适量清水烧开，放入洗净的猪骨段，拌匀；淋入少许料酒，拌匀，余去血水，撇去浮沫；捞出余煮好的猪骨，沥干水分，待用。

2 砂锅中注入适量清水烧开，放入备好的远志、姜片、葱段，倒入余过水的猪骨。

3 放入洗好的花生米、蚕豆、核桃仁，淋入料酒拌匀，盖上盖，烧开后用小火炖约30分钟。

4 揭开盖，加入少许盐、鸡粉、胡椒粉，倒入鸡油，拌匀，煮至食材入味；关火后盛出炖好的菜肴即可。

腊肉白菜炖粉条

烹饪时间：7分钟　口味：鲜

原料准备

腊肉............250克

白菜叶........200克

红薯粉........500克

青椒............10克

葱段、姜片、

八角............各少许

调料

盐................3克

生抽............5毫升

老抽............3毫升

鸡粉............2克

胡椒粉........适量

食用油........适量

制作方法

1 洗净的青椒切圈用；洗好的白菜切条；洗净的腊肉切片。

2 切好的腊肉汆水，捞出，沥干水分，装盘待用。

3 热锅注油烧热，倒入八角、姜片爆香，倒入腊肉炒匀，倒入白菜叶炒匀，加生抽、水、红薯粉，搅匀。

4 加老抽、盐，搅匀，盖上锅盖，中火煮5分钟，倒入青椒，加鸡粉、葱段、胡椒粉，搅匀煮香即成。

炖·功·秘·诀

粉条在做菜前已经泡软，所以煮制的时间不宜过长。

虫草炖牛鞭

烹饪时间：125分钟　　口味：鲜

原料准备

牛鞭·········· 400克
牛肉清汤 200毫升
枸杞············· 5克
姜片··········· 少许
葱花··········· 少许
冬虫夏草······ 少许

调料

盐················· 2克
鸡粉············· 3克
料酒············· 适量

制作方法

1 砂锅中注水，放入备好的姜片、牛鞭，淋入料酒，盖上盖，用大火煮30分钟。

2 捞出牛鞭，放凉，切成段。

3 取一个炖盅，放入牛鞭、姜片、葱花、枸杞，倒入牛肉清汤，放入冬虫夏草。

4 加入料酒、盐、鸡粉，拌匀，盖上盖。

5 蒸锅中注水烧开，放入炖盅。

6 盖上盖，大火炖2小时至材料析出有效成分。

7 取出炖盅，揭开炖盅的盖子即可食用。

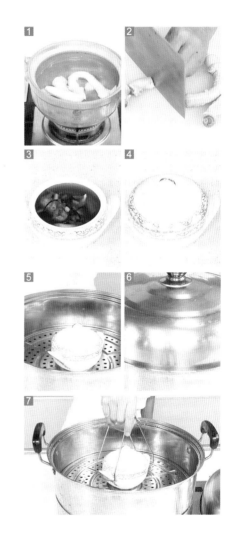

炖·功·秘·诀

将牛鞭先放在锅中余煮一段时间，可以更好地去除牛鞭上的异味。

花豆炖牛肉

烹饪时间：125分钟　　口味：鲜

原料准备

牛肉............160克
水发花豆.....120克
姜片............少许

调料

盐................2克
鸡粉............3克
料酒............6毫升
生抽............4毫升
食用油..........适量

制作方法

1 将洗净的牛肉切条，改切块。

2 牛肉汆去血水，捞出，沥干水分，待用。

3 用油起锅，放入姜片，爆香；倒入牛肉，炒匀；放入料酒、生抽，再加入适量清水；加入花豆，放入盐。

4 加盖，大火烧开后用小火炖2小时，放入鸡粉，炒匀，关火后将菜肴盛出装盘即可。

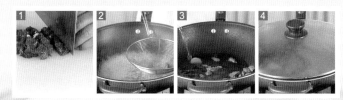

🍲 炖·功·秘·诀

事先将花豆浸泡胀发好，可以节省炖制的时间。

酸菜炖猪肚

烹饪时间：53分钟　口味：鲜

原料准备

猪肚·········· 200克

酸菜·········· 150克

水发腐竹···· 100克

姜片············ 少许

调料

盐·················· 2克

鸡粉·············· 2克

料酒·············· 适量

制作方法

1 洗净的腐竹切段；洗好的酸菜切段；处理好的猪肚切片。

2 锅中注水烧热，放入猪肚、料酒，余去血水，捞出。

3 砂锅中注水烧开，倒入猪肚，撒上姜片，放入酸菜，
淋入少许料酒，烧开后用小火炖煮约40分钟。

4 倒入腐竹，搅拌匀，再盖上盖，用中火煮约10分钟，
揭开盖，加入少许鸡粉、盐，拌匀调味即可。

炖·功·秘·诀

猪肚余水时用热水，经常翻动，不等水开即可捞出，以免损
坏其中的营养物质。

虫草花榛蘑猪骨汤

烹饪时间：62分钟　　口味：鲜

原料准备

排骨············230克

水发榛蘑······35克

水发香菇······25克

虫草花··········40克

枸杞············10克

姜片············少许

调料

盐·················2克

鸡粉···············2克

胡椒粉···········2克

制作方法

1 洗净的榛蘑撕去根部。

2 锅中注入适量清水烧开，放入洗净的排骨，氽煮片刻。

3 关火后盛出氽煮好的排骨，沥干水分，装入盘中待用。

4 砂锅中注入适量清水烧热，倒入排骨、榛蘑、香菇、虫草花、姜片、枸杞，拌匀。

5 加盖，大火煮开后转小火煮1小时至有效成分析出。

6 揭盖，加入盐、鸡粉、胡椒粉。

7 稍稍搅拌至入味，盛装入碗中即可。

炖·功·秘·诀

氽煮排骨时，要等水烧开后再放入排骨，这样才能锁住排骨的营养。

炖·功·秘·诀

酸萝卜可先用清水浸泡一会儿，这样能减轻其酸味。

原料准备

排骨段········300克

酸萝卜········220克

香菜段·········15克

姜片············少许

葱段············少许

调料

盐················2克

鸡粉·············2克

料酒···········5毫升

烹饪时间：63分钟　口味：鲜

酸萝卜炖排骨

制作方法

1 将洗净的酸萝卜切开，再切大块。

2 锅中注入适量清水烧开，倒入洗好的排骨段，煮约1分30秒，汆去血水，捞出食材，沥干水分，待用。

3 砂锅中注入适量清水烧开，撒上姜片、葱段，倒入汆过水的排骨段，放入切好的酸萝卜，淋入少许料酒，搅拌匀；盖上盖，烧开后用小火煮约1小时，至食材熟透。

4 揭盖，加入少许盐、鸡粉，拌匀调味，撒上备好的香菜段，拌匀，煮至断生，盛出即成。

金银花茅根猪蹄汤

烹饪时间：100分钟　口味：鲜

原料准备

猪蹄块………350克

黄瓜…………200克

金银花、白芷、桔梗、

白茅根……各少许

调料

盐…………………2克

鸡粉………………2克

白醋…………4毫升

料酒…………5毫升

制作方法

1 洗好的黄瓜切段，再切开，去瓤，改切成小段。

2 锅中注水烧开，倒入猪蹄块拌匀，余去血水，淋入少许白醋、料酒，略煮，捞出猪蹄，沥干水分，待用。

3 砂锅中注水烧热，倒入金银花、白芷、桔梗、白茅根，大火煮沸；倒入猪蹄，烧开后用小火煲90分钟。

4 放入黄瓜、盐、鸡粉，拌匀，用小火续煮10分钟即可。

炖·功·秘·诀

猪蹄在余过水之后，可以再用清水冲洗一下，以去除残留的杂质。

鸡汤肉丸炖白菜

烹饪时间：26分钟　　口味：鲜

原料准备

白菜..........170克

肉丸..........240克

鸡汤......350毫升

调料

盐..................2克

鸡粉..............2克

胡椒粉..........适量

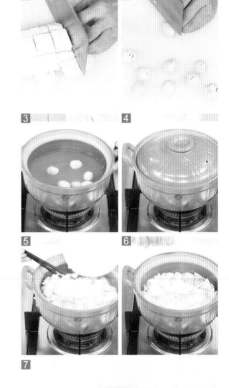

制作方法

1　将洗净的白菜切去根部，再切开，用手掰开，备用。

2　在肉丸上切花刀，备用。

3　砂锅中注入适量清水烧热；倒入备好的鸡汤，放入肉丸。

4　盖上盖，烧开后用小火煮20分钟。

5　揭盖，倒入白菜，拌匀，加入盐、鸡粉、胡椒粉。

6　拌匀调味，用大火煮5分钟至食材入味。

7　关火后盛出锅中的菜肴即可。

炖·功·秘·诀

烹饪过程中，白菜煮的时间不宜过长，以免其中的营养成分有所流失。

黄芪灵芝炖肉

烹饪时间：48分钟　　口味：鲜

原料准备 🥬

瘦肉··········300克

灵芝··········少许

黄芪··········少许

姜片··········少许

葱条··········少许

调料 🥄

料酒··········4毫升

盐··········2克

鸡粉··········2克

制作方法 🍽

1 洗净的瘦肉切成丁，氽水，捞出沥干水分，装盘备用。

2 砂锅注水烧开，倒入瘦肉丁、灵芝、黄芪、姜片、葱条。

3 淋入少许料酒，拌匀；盖上砂锅盖，大火炖开转小火炖45分钟至熟。

4 揭开砂锅盖，加盐、鸡粉，搅拌至入味即可。

🍲 炖·功·秘·诀

在氽煮瘦肉时淋入少许料酒，这样更容易去除腥味。

炖·功·秘·诀

瘦肉余水的时候放一点料酒，可以去腥增鲜。

原料准备

黑蒜·············60克
瘦肉··········300克
姜片··········25克

调料

鸡粉·············2克
胡椒粉·········2克
盐···············2克
料酒··········5毫升
生抽··········5毫升
食用油·······适量

制作方法

1 处理好的瘦肉切块，余水，捞出，沥干水分。

2 热锅注油烧热，倒入姜片，翻炒爆香；倒入瘦肉，淋入料酒、生抽，翻炒匀。

3 注入适量清水，煮至沸；盖上锅盖，小火煮20分钟；掀开锅盖，倒入黑蒜，加入盐，炒匀。

4 盖上锅盖，再续煮10分钟至入味；掀开锅盖，加入鸡粉、胡椒粉，翻炒匀；将炒好的肉盛出装入碗中，即可食用。

烹饪时间：31分钟　口味：鲜

黑蒜炖瘦肉

四君子汤

烹饪时间：122分钟　　口味：鲜

原料准备

党参·············8克

白术·············6克

茯苓·············6克

甘草·············3克

筒骨··········200克

调料

盐·············2克

制作方法

1 将白术、茯苓、甘草装入隔渣袋，扎紧袋口，放入装有清水的碗中，浸泡10分钟；锅中注入适量清水，大火烧开。

2 锅中倒入配好的筒骨，搅匀余煮去除血水。

3 将筒骨捞出，沥干水分，待用。

4 待食材均泡发处理好，装入碟子待用。

5 锅中注入适量清水，倒入筒骨，再放入泡发好的隔渣袋、党参，搅拌匀。

6 盖上锅盖，开大火煮开转小火煮2小时。

7 掀开锅盖，加入少许盐搅匀调味，将煮好的汤盛入碗中即可。

 炖·功·秘·诀

筒骨余煮的时间可以适当地久一点，这样就能更好地去除其中的杂质。

炖·功·秘·诀

花生米事先用水泡发，能缩短烹饪的时间。

栗子花生瘦肉汤

烹饪时间：152分钟　口味：鲜

原料准备

瘦肉………………200克
板栗肉……………65克
花生米……………120克
胡萝卜……………80克
玉米………………160克
香菇………………30克
姜片………………少许
葱段………………少许

调料

盐…………………少许

制作方法

1 将去皮洗净的胡萝卜切滚刀块；洗好的玉米斩成小块；洗净的瘦肉切条形，再切块。

2 锅中注入适量清水烧开，倒入瘦肉块，拌匀，余煮去除血渍后捞出，沥干水分，待用。

3 砂锅中注入适量清水烧热，倒入余好的肉块，放入胡萝卜块，倒入花生米、板栗肉、玉米、香菇、姜片、葱段，拌匀、搅散。

4 盖上盖，烧开后转小火煮约150分钟，至食材熟透；揭盖，加入少许盐，拌匀、略煮，至汤汁入味；关火后盛在碗中即可。

沙参玉竹海底椰汤

烹饪时间：185分钟　　口味·鲜

原料准备

海底椰·········20克

玉竹·········20克

沙参·········30克

瘦肉·········250克

去皮莲藕····200克

玉米·········150克

佛手瓜·······170克

姜片·········少许

调料

盐·················2克

制作方法

1 洗净的去皮莲藕切块；洗好的佛手瓜切块；洗净的玉米切段；洗好的瘦肉切块。

2 瘦肉氽水，捞出沥干水分，装盘待用。

3 砂锅中注水，倒入瘦肉、莲藕、佛手瓜、玉米、姜片、海底椰、玉竹、沙参，拌匀，大火煮开转小火煮3小时。

4 揭盖，加入盐，搅拌片刻至入味；关火后盛出煮好的汤，装入碗中即可。

炖·功·秘·诀

沙参、玉竹用温水冲洗一下，可以有效去除上面的灰沙，吃着更干净。

霸王花罗汉果润肺汤

烹饪时间：92分钟　口味：鲜

原料准备

猪排骨········400克

罗汉果··········5克

甜杏仁··········6克

水发霸王花···10克

玉竹··············2克

白扁豆··········10克

红枣··············少许

调料

盐··················3克

鸡粉··············2克

料酒··········5毫升

制作方法

1　猪排骨氽水，捞出氽煮好的猪骨，装入盘中备用。

2　砂锅中注入适量清水烧开，倒入备好的罗汉果、甜杏仁、红枣、白扁豆、玉竹、猪排骨，淋入料酒。

3　盖上盖，用大火烧开后转小火煮1小时至食材熟软；揭盖，放入洗好的霸王花。

4　盖上盖，续煮30分钟至食材熟透；揭盖，加入盐、鸡粉，拌匀调味，装入碗中即可。

炖·功·秘·诀

霸王花可以提前浸泡至软，这样可以节省煮制的时间，口感更好。

萝卜干蜜枣猪蹄汤

烹饪时间：62分钟　　口味：鲜

原料准备

猪蹄块········300克
萝卜干·········55克
蜜枣············35克
姜片、葱段各少许

调料

盐···············少许
鸡粉···········少许
料酒···········7毫升

制作方法

1 锅中注水烧开，放入洗净的猪蹄块。

2 淋入料酒，拌匀，汆煮一会儿，去除腥味。

3 捞出材料，沥干水分，待用。

4 砂锅中注水烧热，倒入汆过水的猪蹄块。

5 撒上姜片、葱段，放入洗净的蜜枣、萝卜干，淋入少许料酒。

6 盖上盖，烧开后用小火煮约60分钟，至食材熟透。

7 加入少许盐、鸡粉，拌匀，用中火略煮，至汤汁入味，关火后盛出煮好的猪蹄汤，装在汤碗中即成。

炖·功·秘·诀

猪蹄汆煮以后，最好再用清水清洗一下，这样可以减轻汤汁的浮油。

禽、蛋入膳，
健康滋补好炖味

　　鸡、鸭、鹅、乳鸽等都属于白肉，相对于红肉更低脂、健康，经过炖煮，其中的鲜味物质都释放出来，不需要太多香辛料，就是一道让人垂涎的美味了。

生地炖乌鸡

烹饪时间：46分钟　　口味：鲜

原料准备

乌鸡块………270克
生地…………少许
姜片…………少许

调料

料酒…………8毫升
盐……………3克
鸡粉…………3克

制作方法

1 锅中注水烧开，倒入乌鸡、料酒，汆去血水，备用。

2 砂锅中注水烧开，倒入乌鸡、生地、姜片，搅拌均匀，淋入少许料酒。

3 盖上盖，用小火煮约45分钟至食材熟透。

4 加入少许盐、鸡粉，搅拌均匀，煮至食材入味即可。

炖·功·秘·诀

若所选用的乌鸡肉较老，可适当延长烹煮的时间。

烹饪时间：120分钟　口味·鲜

三两半炖鸡汤

原料准备

黄芪、党参、北沙
参、枸杞…各适量
鸡肉……………100克

调料

盐……………适量

制作方法

1　锅中注水烧开，倒入鸡块，汆煮去血水，捞出待用。

2　锅中注入适量清水，倒入鸡块、党参、北沙参和黄芪，搅拌匀。

3　盖上锅盖，开大火煮开后转小火煮100分钟。

4　倒入枸杞，盖上锅盖，小火继续煮20分钟，加入少许的盐，搅匀调味，将煮好的汤盛出装入碗中即可。

炖·功·秘·诀

鸡肉煲煮的时间较长，所以汆水时间不宜过久。

双果鸡爪汤

烹饪时间：126分钟   口味：鲜

原料准备

鸡爪·············4个
苹果·············1个
胡萝卜········50克
开心果········30克

调料

盐················2克

制作方法

1 将洗净的鸡爪切去脚趾；洗好的苹果切小块；胡萝卜切小块。

2 取电饭锅，倒入鸡爪、胡萝卜块、开心果，注入适量清水，拌匀。

3 盖上盖，选择煲汤功能，时间设定为2小时。

4 开盖，放入苹果块，加入盐，拌匀。

5 盖上盖，焖5分钟至苹果熟。

6 稍稍搅拌。

7 煮好的汤装入碗中即可。

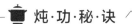

炖·功·秘·诀

鸡爪的脚趾要剪掉，这样比较干净。

桂圆红枣银耳炖鸡蛋

烹饪时间：22分钟　　口味：鲜

原料准备

水发银耳……50克

桂圆肉………20克

红枣…………30克

熟鸡蛋………1个

调料

冰糖…………适量

制作方法

1 锅中注入适量清水烧开。

2 放入熟鸡蛋，再加入洗好的银耳、桂圆肉、红枣。

3 搅拌片刻，盖上锅盖，烧开后用大火煮20分钟。

4 加入备好的冰糖，搅拌片刻，至冰糖完全溶化，将煮好的甜汤盛入碗中即可。

炖·功·秘·诀

红枣在煮之前可以切开，这样汤的味道会更浓郁。

炖·功·秘·诀

鸡肉氽水时间不宜过长，以免煮老了。

原料准备

鸡肉············400克

胡萝卜·········100克

豌豆··············80克

鲜香菇··········40克

蟹味菇··········50克

口蘑··············50克

姜片············少许

调料

盐··············2克

鸡粉············2克

制作方法

1 将口蘑对半切开；蟹味菇切去根部；香菇去蒂，切成小块；洗净去皮的胡萝卜斜刀切小块；鸡肉切成小块，待用。

2 锅中注水烧开，倒入豌豆、胡萝卜、香菇、蟹味菇、口蘑，煮约1分钟至断生，捞出待用；再倒入鸡块，氽去血水备用。

3 砂锅中注水烧热，倒入姜片、鸡块和煮好的食材，拌匀，盖上锅盖，烧开后转小火炖20分钟至熟透。

4 放入盐、鸡粉，搅匀调味，盛入碗中即可。

烹饪时间：2分钟　口味：鲜

三色蘑菇炖鸡

山药红枣鸡汤

烹饪时间：44分钟　　口味：鲜

原料准备

鸡肉············ 400克

山药············ 230克

红枣············ 少许

枸杞············ 少许

姜片············ 少许

调料

盐·················· 3克

鸡粉············ 2克

料酒············ 4毫升

制作方法

1 洗净去皮的山药切开，再切滚刀块；鸡肉切块备用。

2 锅中注水烧开，倒入鸡肉块，淋入少许料酒，大火煮约2分钟，撇去浮沫，捞出鸡肉沥干。

3 砂锅中注入适量清水烧开，倒入鸡肉块。

4 放入红枣、姜片、枸杞，淋入料酒。

5 盖上盖，用小火煮约40分钟至食材熟透。

6 加入少许盐、鸡粉，搅拌均匀。

7 略煮片刻至食材入味，装入碗中即可。

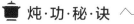 **炖·功·秘·诀**

余煮好的鸡肉块可用清水冲洗，这样能彻底去除血渍。

炖·功·秘·诀

鸡肉本身有鲜味，南瓜也含有糖分，可不放鸡粉，保持汤原本的香甜。

南瓜炖鸡

烹饪时间：122分钟　口味：鲜

原料准备

南瓜············150克

鸡肉块········260克

葱花·············4克

姜丝·············4克

调料

盐·················2克

鸡粉·············2克

制作方法

1 洗净的南瓜切小块。

2 电饭煲中倒入鸡肉块、南瓜、姜丝，加适量清水至没过食材，搅拌均匀。

3 盖上盖子，选择"煲汤"功能，炖2小时至食材熟软。

4 加入盐、鸡粉、葱花，搅匀调味，将煮好的汤盛入碗中即可。

夏枯草鸡肉汤

烹饪时间：143分钟　口味：鲜

原料准备

鸡腿肉········300克

夏枯草··········3克

生地············5克

密蒙花··········5克

姜片、葱段各少许

调料

盐··············2克

鸡粉············2克

料酒············8克

制作方法

1 砂锅中注水烧热，倒入生地、密蒙花、夏枯草。

2 盖上锅盖，煮20分钟，将药材捞干净。

3 倒入鸡腿肉、姜片、葱段，淋入少许料酒，盖上锅盖，煮开后转小火煮2小时至食材熟软。

4 撇去浮沫，加入少许盐、鸡粉，搅匀调味即可。

炖·功·秘·诀

鸡肉可先氽一下水，这样汤汁会更清澈。

山药鸡肉煲汤

烹饪时间：48分钟　　口味：鲜

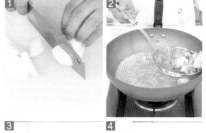

原料准备

鸡块...........165克

山药...........100克

川芎............少许

当归............少许

枸杞............少许

调料

盐................2克

鸡粉.............2克

制作方法

1 将洗净去皮的山药切滚刀块。

2 锅中注水烧开，放入洗净的鸡块，搅散，余煮去除血渍，捞出鸡块，沥干待用。

3 砂锅中注入适量清水烧开，放入鸡块。

4 倒入洗净的川芎、当归，倒入山药块，搅匀，撒上枸杞。

5 盖上盖，烧开后转小火煲煮约45分钟，至食材熟透。

6 揭盖，加入盐、鸡粉，搅匀，续煮一会儿。

7 关火后将煮好的鸡汤盛入碗中即可。

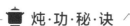

🍲 炖·功·秘·诀

鸡皮中的脂肪含量较高，经过余水可以去除一部分，使汤口感清爽、不油腻。

山药胡萝卜炖鸡块

烹饪时间：46分钟　　口味：鲜

原料准备

鸡肉块········350克
胡萝卜········120克
山药··········100克
姜片··········少许

调料

盐··················2克
鸡粉················2克
胡椒粉··········少许
料酒··············少许

制作方法

1 洗净去皮的胡萝卜、山药分别切滚刀块；鸡肉倒入沸水锅中，淋料酒，撇去浮沫，煮1分钟后捞出。

2 砂锅中注水烧开，倒入鸡块、姜片、胡萝卜、山药，淋入少许料酒，拌匀。

3 盖上盖，烧开后用小火煮45分钟至食材熟透。

4 加入适量盐、鸡粉、胡椒粉，拌匀调味，盛出即可。

炖·功·秘·诀

山药切好后可放入白醋水中浸泡，这样能防止其氧化变黑。

春笋仔鲍炖土鸡

烹饪时间：62分钟　口味：鲜

原料准备

土鸡块……… 300克

竹笋……… 160克

鲍鱼肉……… 60克

姜片、葱段各少许

调料

盐……… 2克

鸡粉……… 2克

胡椒粉……… 2克

料酒……… 14毫升

制作方法

1 洗净去皮的竹笋切成片；鲍鱼肉切片。

2 竹笋倒入沸水锅中，淋料酒，煮至断生，捞出沥干；
鲍鱼、鸡块分别氽水，沥干待用。

3 砂锅中注水烧热，放姜片、葱段、鸡块，倒入鲍鱼、
竹笋，淋少许料酒，烧开后用小火炖约1小时。

4 加入盐、鸡粉、胡椒粉，拌匀煮至食材入味即可。

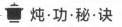

炖·功·秘·诀

调味时可适量加入些老抽，以增加鸡肉的色泽。

当归党参红枣鸡汤

烹饪时间：120分钟　　口味：鲜

原料准备

当归、党参、
红枣、枸杞、
牛膝、桃仁··各适量
土鸡块··········200克

调料

盐··················2克

制作方法

1 将红枣、党参、当归、桃仁、牛膝、枸杞
　洗净后，置于清水中浸泡10分钟，待用。

2 锅中注入水烧开，放入土鸡块，搅匀，汆去
　血渍后捞出，沥干水分，待用。

3 砂锅中注入适量清水，倒入鸡块、红枣、
　党参、当归、桃仁、牛膝，搅散。

4 盖上盖，大火烧开后转小火煲煮约100分
　钟，至食材熟软。

5 倒入泡好的枸杞，搅匀，再盖上盖，用小
　火煮约20分钟。

6 放入少许盐，搅匀调味。

7 关火后，将煮好的汤盛入碗中即可。

🍲 **炖·功·秘·诀**

枸杞的泡发时间可短一些，煮熟后味道会更清甜。

炖·功·秘·诀

竹笋焯一下水，可减轻其涩味。

桑葚乌鸡汤

烹饪时间：93分钟　口味：鲜

原料准备

乌鸡············· 400克
竹笋·············· 80克
桑葚··············· 8克
姜片············· 少许
葱段············· 少许

调料

料酒············· 7毫升
盐··················· 2克
鸡粉··············· 2克

制作方法

1 将竹笋切成薄片，倒入沸水锅中，焯煮约3分钟，去除涩味，捞出备用；倒入乌鸡，余去血水，捞出待用。

2 砂锅中注水烧开，倒入姜片、葱段、桑葚、乌鸡肉、笋片，淋少许料酒，搅拌均匀。

3 盖上锅盖，烧开后用小火煮约90分钟。

4 加入盐、鸡粉，拌匀调味，继续煮一会，盛入碗中即可。

海马炖鸡

烹饪时间：63分钟　口味：鲜

原料准备

鸡肉.......... 400克

海马.......... 10克

葱段、姜片各少许

调料

盐.......... 2克

鸡粉.......... 2克

生抽.......... 3毫升

料酒.......... 8毫升

制作方法

1 锅中注水烧开，倒入鸡肉块，淋入少许料酒，拌匀，将鸡肉氽去血水，捞出待用。

2 砂锅中注水烧热，倒入海马、姜片、葱段、鸡肉，淋入少许料酒。

3 烧开后用中火炖1小时。

4 加入盐、鸡粉、生抽，搅拌均匀，至食材入味即可。

炖·功·秘·诀

鸡肉块切得小一点，既容易煮熟，又方便食用。

玉竹花胶煲鸡汤

烹饪时间：122分钟　　口味：鲜

原料准备

花胶、玉竹、淮山
药、枸杞、莲子、红
枣⋯⋯⋯⋯⋯各适量
鸡肉块⋯⋯⋯200克

调料

盐⋯⋯⋯⋯⋯⋯2克

制作方法

1 将花胶泡发12小时，剪成段；莲子泡发2小时；枸杞、红枣、玉竹、淮山药分别泡发10分钟，沥干备用。

2 鸡肉用沸水汆煮片刻，捞出待用。

3 砂锅中注入清水，倒入鸡肉、红枣、玉竹、淮山药、花胶、莲子，拌匀。

4 加盖，大火煮开转小火煮110分钟。

5 放入枸杞，拌匀，加盖，继续煮10分钟。

6 加入盐，稍稍搅拌至入味。

7 关火后盛出煮好的汤，装入碗中即可。

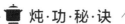

炖·功·秘·诀

鸡肉要提前汆煮片刻，去除血水。

炖·功·秘·诀

汆煮鸭肉时淋入少许料酒，可以去除异味。

烹饪时间：62分钟　口味：鲜

干贝冬瓜煲鸭汤

原料准备

冬瓜···········185克

鸭肉块·······200克

咸鱼···········35克

干贝···············5克

姜片···············少许

调料

盐·················2克

料酒·············5毫升

食用油·········适量

制作方法

1 洗净的冬瓜切块；咸鱼切块。

2 锅中注水烧开，倒入鸭块，淋入料酒，汆煮片刻，捞出待用；热锅注油，放入咸鱼、干贝、油炸片刻，捞出沥干油，备用。

3 砂锅中注水烧开，倒入鸭块、咸鱼、干贝、姜片，拌匀，加盖，煮开后转小火煮30分钟。

4 放入冬瓜块，拌匀，继续煮30分钟至冬瓜熟，加入盐，搅拌片刻至入味，装入碗中即可。

生地鸭蛋炖肉

烹饪时间：47分钟　口味：鲜

原料准备

瘦肉	150克
熟鸭蛋	1个
生地	20克
姜片	少许

制作方法

1 洗净的瘦肉切片；去壳的熟鸭蛋对半切开。

2 锅中注水烧开，倒入瘦肉，氽煮片刻，捞出备用。

3 砂锅中注入清水，倒入生地，中火煮15分钟，倒入瘦肉、鸭蛋，淋入料酒拌匀，加盖，小火炖30分钟。

4 加入盐，拌匀，将炖好的汤装入碗中即可。

调料

盐	2克
料酒	适量

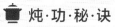

炖·功·秘·诀

生地需要提前用清水浸泡，更利于有效成分析出。

腊鸭腿炖黄瓜

烹饪时间：24分钟　　口味：鲜

原料准备

腊鸭腿········300克

黄瓜··········150克

红椒···········20克

姜片··········少许

调料

盐·················2克

鸡粉··············3克

胡椒粉、料酒、

食用油······各适量

制作方法

1 洗净的黄瓜切开，去籽，切成块；红椒去
籽，切成片。

2 锅中注水烧开，倒入腊鸭腿，汆煮片刻，
捞出沥干备用。

3 用油起锅，放入姜片，爆香，倒入腊鸭
腿，淋入料酒，炒匀。

4 注入适量清水，倒入黄瓜，拌匀。

5 加盖，小火炖20分钟至食材熟透。

6 倒入红椒，加入盐、鸡粉、胡椒粉，翻炒
片刻至入味。

7 将炒好的菜装入盘中即可。

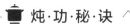

炖·功·秘·诀

如果喜欢吃软一点，可以稍稍延长炖的时间。

白萝卜鸡爪汤

烹饪时间：122分钟　口味：鲜

原料准备 🌽

鸡爪…………120克

白萝卜………200克

调料 🥄

盐………………3克

鸡粉……………3克

制作方法 🍲

1 洗净的白萝卜切小块；洗好的鸡爪切去趾尖。

2 锅中倒入白萝卜、鸡爪，倒入清水至水位线。

3 盖上盖子，选择煲汤功能，煮2小时至食材熟软。

4 打开盖子，加入盐、鸡粉，搅匀调味，将煮好的汤装碗即可。

炖·功·秘·诀

放点胡椒粉，味道会更好。

炖·功·秘·诀

在红枣上划一刀，能更好地析出其营养。

原料准备

鸡蛋·············2个

益母草·········20克

红枣·············15克

调料

红糖·············35克

制作方法

1 取一个纱袋，放入益母草，系紧袋口，制成药袋，备用。

2 砂锅中注入适量清水烧热，放入药袋、红枣，盖上锅盖，烧开后用小火煮约20分钟。

3 拣出药袋，打入鸡蛋，煮至熟。

4 加入适量红糖，搅匀，煮至溶化，盛出炖煮好的鸡蛋即可。

烹饪时间：21分钟　口味：鲜

益母草炖蛋

腊肠魔芋丝炖鸡翅

烹饪时间：23分钟　　口味：鲜

原料准备

魔芋丝·········170克

鸡中翅·········200克

腊肠···········60克

青花椒··········5克

八角···········适量

干辣椒·········10克

芹菜···········30克

姜片、葱白各少许

调料

盐·············4克

生抽········10毫升

料酒·········8毫升

鸡粉···········2克

白胡椒粉·········2克

蚝油···········5克

食用油·········适量

制作方法

1 芹菜切成小段；腊肠切成片，待用。

2 鸡中翅对半切开，用盐、生抽、料酒、白胡椒粉、蚝油搅拌匀，腌渍10分钟。

3 将魔芋丝倒入热水锅中氽煮，捞出待用。

4 热锅注油烧热，倒入葱白、姜片、八角、青花椒，爆香，倒入鸡中翅、干辣椒、腊肠，淋入料酒、生抽。

5 注入少许清水，倒入魔芋丝，加入盐，炒匀，小火焖10分钟至入味。

6 放入芹菜、鸡粉，翻炒片刻至食材入味。

7 装入碗中即可。

🍲 炖·功·秘·诀

鸡翅事先要腌渍片刻，这样炖出的鸡翅更入味、口感更好。

百部白果炖水鸭

烹饪时间：62分钟　　口味：鲜

原料准备

鸭肉块········400克

白果············20克

百部············10克

沙参············10克

淮山············20克

姜片············10克

调料

鸡粉············2克

盐··············2克

料酒············少许

制作方法

1 锅中注水烧开，放入鸭肉，淋入少许料酒，将鸭肉汆去血水，捞出备用。

2 砂锅中注水烧开，倒入药材和姜片，放入鸭块。

3 盖上盖，炖约1小时至食材熟透。

4 加入少许鸡粉、盐，拌匀调味，装入汤碗中即可。

炖·功·秘·诀

炖鸭肉时，可加入少许陈皮，能有效去除鸭肉的腥味。

芡实炖老鸭

烹饪时间：62分钟　口味：鲜

原料准备

鸭肉··········500克

芡实···········50克

姜片、葱段各少许

调料

盐···················2克

鸡粉···············2克

料酒··········10毫升

制作方法

1 锅中注水烧开，倒入鸭肉，淋入料酒，略煮一会儿，将鸭肉余去血水，捞出沥干待用。

2 砂锅中注入适量清水，用大火烧热，倒入芡实、鸭肉，再加入料酒、姜片。

3 盖上锅盖，烧开后转小火煮1小时至食材熟透。

4 加入盐、鸡粉拌匀入味，盛入碗中，撒上葱段即可。

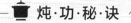 炖·功·秘·诀

鸭肉纤维比较粗，因此鸭肉块最好切小一点。

芡实苹果鸡爪汤

烹饪时间：45分钟　　口味：鲜

原料准备 🥢

鸡爪·············6只

苹果·············1个

芡实·············50克

花生·············15克

蜜枣·············1颗

胡萝卜丁····100克

调料 🥄

盐·············3克

制作方法 🍲

1 锅中注水烧开，倒入鸡爪，煮约1分钟去血污，捞出，放入凉水中待用。

2 砂锅中注入适量清水，倒入芡实、鸡爪、胡萝卜丁、蜜枣、花生，拌匀。

3 加盖，用大火煮开后转小火续煮30分钟至食材熟软。

4 撇去浮沫，倒入切好的苹果，拌匀。

5 加盖，继续煮10分钟至食材入味。

6 加入盐，拌匀调味。

7 关火后盛出煮好的汤，装碗即可。

🍲 炖·功·秘·诀

余煮鸡爪的时候可以加入适量生姜，这样去腥的效果更好。

炖·功·秘·诀

清洗胡萝卜时，最好不要去蒂，以免残留的农药进入果实内部。

原料准备

鸡肉块········500克
胡萝卜········100克
茯苓··········25克
姜片··········少许
葱段··········少许

调料

料酒··········16毫升
盐············2克
鸡粉··········2克

烹饪时间：63分钟　口味：鲜

茯苓胡萝卜鸡汤

制作方法

1　洗净去皮的胡萝卜切成小块；锅中注水烧开，倒入鸡肉，淋适量料酒，将鸡肉余去血水，捞出备用。

2　砂锅中注水烧开，放入姜片、茯苓、鸡肉、胡萝卜。

3　淋入少许料酒，盖上盖，用小火炖煮1小时。

4　加入少许盐、鸡粉，拌匀调味，将汤装入碗中，撒上葱段即可。

苹果鸡腿汤

烹饪时间：25分钟　口味：鲜

原料准备

鸡腿…………80克

苹果…………65克

红枣…………10克

枸杞…………10克

调料

盐……………1克

制作方法

1 沸水锅中倒入洗净的鸡腿，汆煮去除血水和脏污，捞出待用；洗净的苹果切块，待用。

2 砂锅中注入适量清水，放鸡腿、红枣和枸杞。

3 加盖，用大火煮开后转小火续煮20分钟，倒入切好的苹果，稍煮片刻至食材入味。

4 加入盐，搅匀调味，装碗即可。

炖·功·秘·诀

放入苹果后可以加盖稍焖数秒，以便更快地析出苹果的香味。

苦瓜黄豆鸡爪汤

烹饪时间：123分钟　　口味：鲜

原料准备 🥢

鸡爪············120克

苦瓜············55克

瘦肉············60克

水发黄豆·····140克

姜片············少许

调料 🥄

盐················3克

鸡粉············少许

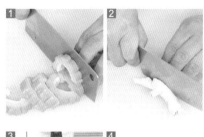

制作方法 🍲

1 将洗净的苦瓜去除瓜瓤，再切小块。

2 洗好的瘦肉切块；洗净的鸡爪对半切开。

3 锅中注入适量清水烧开，放入瘦肉、鸡爪，搅散，氽煮去除血渍，捞出待用。

4 砂锅中注水烧开，倒入瘦肉、鸡爪、黄豆、姜片、苦瓜，搅匀。

5 盖上盖，烧开后转小火煲煮约120分钟，至食材熟透。

6 去除浮沫，加入盐、鸡粉，拌匀。

7 煮至汤汁入味，盛入碗中即可。

🍲 **炖·功·秘·诀**

氽煮食材时可加入少许料酒，能有效地去除腥味。

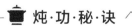

莲藕章鱼花生鸡爪汤

烹饪时间：32分钟　　口味：鲜

原料准备

章鱼干...........80克

鸡爪..............250克

莲藕............200克

水发眉豆....100克

排骨块.........150克

花生..............50克

调料

盐...................2克

制作方法

1 莲藕切块；章鱼干切块；排骨、鸡爪分别氽水待用。

2 砂锅注入清水，倒入鸡爪、莲藕、章鱼干、排骨、眉豆、花生，拌匀。

3 大火煮开转小火煮30分钟至食材熟透。

4 加入盐，搅拌至入味，装入碗中即可。

炖·功·秘·诀

莲藕切好后可以放入水中浸泡片刻，以防氧化变黑。

炖·功·秘·诀

取下锅盖后，要将锅里的浮沫捞去，使汤汁的味道更醇厚。

原料准备

莲藕⋯⋯⋯⋯80克
光鸡⋯⋯⋯⋯180克
姜末、蒜末、
葱花⋯⋯⋯各少许

调料

盐⋯⋯⋯⋯⋯3克
鸡粉⋯⋯⋯⋯2克
生抽⋯⋯⋯⋯6毫升
料酒⋯⋯⋯⋯6毫升
白醋、水淀粉、
食用油⋯⋯各适量

制作方法

1 将去皮洗净的莲藕切成丁；鸡肉斩成小块，加盐、鸡粉、生抽、料酒拌匀，腌15分钟。

2 莲藕倒入沸水锅中，淋白醋，焯煮约1分30秒，捞出待用。

3 用油起锅，大火爆香姜末、蒜末，放入鸡块，快速翻炒，淋生抽、料酒，炒匀炒香。

4 倒入藕丁，加入清水、盐、鸡粉，翻炒匀，加盖煮沸后用小火炖煮约15分钟，转大火收汁，倒入水淀粉勾芡，装盘撒上葱花即成。

烹饪时间·17分钟 口味·鲜

莲藕炖鸡

茵陈炖鸡

烹饪时间：82分钟　　口味：鲜

原料准备 🥬

鸡腿肉┄┄┄300克

茵陈┄┄┄┄┄5克

豆苗┄┄┄┄┄5克

葱段、姜片各少许

调料 🧂

盐┄┄┄┄┄┄┄3克

鸡粉┄┄┄┄┄2克

料酒┄┄┄┄┄5毫升

生抽┄┄┄┄┄3毫升

制作方法 🍲

1 锅中注水烧开，倒入鸡腿肉，将鸡腿肉汆
　去血水，捞出待用。

2 砂锅注入清水，大火烧热，倒入茵陈。

3 盖上锅盖，煮约20分钟至其析出有效成
　分，将药材捞干净。

4 放入鸡腿肉、葱段、姜片，淋入料酒。

5 盖上锅盖，烧开后转小火，煮1小时至食材
　熟软。

6 加入少许盐、鸡粉，放入豆苗。

7 淋入生抽搅拌匀，装入碗中即可。

🍲 **炖·功·秘·诀**

鸡肉汆水的时间不宜过长，以免将鸡肉煮老了，影响口感。

茶树菇莲子炖乳鸽

烹饪时间：201分钟　　口味：鲜

原料准备

乳鸽块········200克
水发莲子·······50克
水发茶树菇···65克

调料

盐···················1克
鸡粉··············1克

制作方法

1 炖盅内放入乳鸽块、茶树菇、莲子。

2 注入适量清水，加入盐、鸡粉，搅拌均匀。

3 将炖盅放入炖壶内，盖上内胆盖，注入适量清水。

4 盖上壶盖，炖煮200分钟即可。

炖·功·秘·诀

乳鸽和茶树菇本身具有鲜香味，可不放鸡粉，以保持汤品的原汁原味。

薄荷鸭汤

烹饪时间：48分钟　口味：鲜

原料准备

鸭肉............350克

玉竹............2克

百合............15克

薄荷叶..........少许

姜片............少许

调料

盐..............2克

鸡粉............3克

食用油、料酒各适量

制作方法

1 鸭肉倒入沸水锅中，淋料酒，将鸭肉汆去血水备用。

2 用油起锅，放鸭肉、姜片，淋料酒炒匀，盛出备用。

3 砂锅置于火上，放入玉竹、鸭肉，注入适量清水，淋入少许料酒，用大火煮开后转小火煮30分钟。

4 放入百合、薄荷叶，盖上盖，继续煮15分钟至食材熟透，放入盐、鸡粉，拌匀调味，装入碗中即可。

炖·功·秘·诀

若没有新鲜的薄荷叶可选用干薄荷，但要减少用量。

蘑菇无花果炖乌鸡

烹饪时间：125分钟　　口味：鲜

原料准备

乌鸡块········500克

水发姬松茸···60克

水发香菇·······50克

无花果·········35克

姜片············少许

调料

盐················3克

鸡粉··············3克

胡椒粉·········少许

制作方法

1　洗好的姬松茸去掉柄部。

2　锅中注入适量清水烧开，放入乌鸡块，煮沸，汆去血水。

3　把乌鸡块捞出，沥干水分，待用。

4　砂锅注入适量清水，倒入乌鸡块、姬松茸、香菇、无花果、姜片，搅匀。

5　盖上锅盖，大火煮开后用小火炖2小时至食材熟透。

6　放入盐、鸡粉、胡椒粉，拌匀调味。

7　盛入碗中即可。

炖·功·秘·诀

泡发的姬松茸质地比较松脆，清洗时动作要轻，以免姬松茸受损破碎。

炖·功·秘·诀

砂锅中的水要一次性加足，不可中途添水，否则汤就不醇香了。

原料准备

鸡肉⋯⋯⋯⋯300克
水发竹荪⋯⋯160克
西洋参⋯⋯⋯⋯5克
党参⋯⋯⋯⋯⋯15克
红枣⋯⋯⋯⋯⋯20克
淮山⋯⋯⋯⋯⋯25克
桂圆肉⋯⋯⋯⋯少许

调料

盐⋯⋯⋯⋯⋯⋯3克

烹饪时间：152分钟　口味：鲜

西洋参竹荪鸡汤

制作方法

1 锅中注入适量清水烧热，倒入洗净的鸡肉块，拌匀，余煮2分钟，沥干水分，待用。

2 砂锅中注入适量清水烧热，倒入鸡肉、竹荪、西洋参、淮山、桂圆肉、红枣和党参，拌匀。

3 盖上锅盖，烧开后转小火煮约150分钟，至食材熟透。

4 揭盖，加入少许盐，拌匀调味，略煮一会儿，至汤汁入味，装在碗中即可。

虫草花西洋参鸡汤

烹饪时间：120分钟　口味：鲜

原料准备 🥕

虫草花、西洋参、
莲子、枸杞、黄芪、
香菇·········各适量
乌鸡块·······200克

调料 🥄

盐·················2克

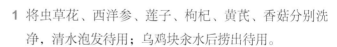

制作方法 🍲

1 将虫草花、西洋参、莲子、枸杞、黄芪、香菇分别洗
　净，清水泡发待用；乌鸡块汆水后捞出待用。

2 砂锅中注入适量清水，倒入乌鸡块、虫草花、西洋
　参、黄芪、香菇、莲子。

3 盖上盖，大火烧开后转小火煲煮约100分钟。

4 倒入枸杞搅匀，再盖上盖，小火继续煮约20分钟，放
　入盐调味，盛入碗中即可。

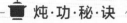

🍲 **炖·功·秘·诀**

泡发小香菇的水可直接煲煮，能使汤汁的香味更浓郁。

西洋参虫草花炖乌鸡

烹饪时间：180分钟　　口味：鲜

原料准备

乌鸡块········ 300克

虫草花·········15克

西洋参···········8克

姜片···········少许

调料

盐·················2克

制作方法

1. 锅中注入适量清水大火烧开，倒入乌鸡块，汆去血水。

2. 将乌鸡捞出，沥干水分，待用。

3. 砂锅中注入适量清水，大火烧热。

4. 倒入乌鸡、虫草花、西洋参、姜片，搅拌均匀。

5. 盖上锅盖，煮开后转小火煮3小时至熟透。

6. 掀开锅盖，加入少许盐，搅匀调味。

7. 将鸡汤盛入碗中即可。

炖·功·秘·诀

煮的时间较长，可以开始就多加点水，以免煮干了。

酱香土豆炖鸡块

烹饪时间：17分钟　　口味：鲜

原料准备 🦪

鸡块…………800克

土豆…………400克

葱段…………10克

姜片…………15克

调料 🥄

黄豆酱…………15克

生抽…………5毫升

料酒…………5毫升

盐…………3克

鸡粉…………2克

老抽…………3毫升

食用油…………适量

制作方法 🍲

1 洗净去皮的土豆切成块状。

2 热锅注油烧热，倒入土豆、鸡块、姜片、葱段，炒香。

3 倒入黄豆酱、料酒、生抽，炒匀，加适量清水煮开，倒入老抽、盐。

4 盖上锅盖，小火焖15分钟，加入鸡粉快速翻炒即成。

🍲 炖·功·秘·诀

鸡块也可以先汆水，口感会更好。

锁阳山茱萸炖鸡

烹饪时间：123分钟　口味：鲜

原料准备

鸡肉块········400克

山茱萸·········10克

茯苓·············10克

锁阳·············3克

姜片、葱段各少许

调料

盐·················2克

鸡粉·············2克

料酒·········8毫升

制作方法

1 砂锅中注入适量清水，用大火烧热，倒入备好的山茱萸、茯苓、锁阳、鸡肉块、姜片、葱段。

2 淋入少许料酒，搅拌均匀。

3 盖上锅盖，烧开后转小火煮约2小时至食材熟透。

4 揭开锅盖，加入少许盐、鸡粉，搅拌均匀，至食材入味，将炖煮好的菜盛入碗中即可。

炖·功·秘·诀

此菜煮的时间比较久，因此火不要太大以免煳锅。

腊鸡炖莴笋

烹饪时间：27分钟　　口味：鲜

原料准备

腊鸡块........130克

去皮莴笋......90克

花椒粒........10克

姜片、蒜片、

葱段.........各少许

调料

料酒..........5毫升

生抽..........5毫升

盐..............2克

鸡粉............2克

胡椒粉..........3克

食用油.........适量

制作方法

1 去皮洗净的莴笋切滚刀块，待用。

2 用油起锅，放入花椒粒、姜片、蒜片、葱段，爆香，倒入洗好的腊鸡块，炒匀。

3 加入料酒、生抽，注入适量清水，拌匀。

4 加上盖，大火炖约15分钟至腊鸡块变软。

5 揭盖，倒入莴笋块，拌匀，盖上盖，再炖10分钟。

6 加入盐、鸡粉、胡椒粉，拌匀至入味。

7 将炖煮好的菜装入碗中即可。

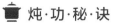

炖·功·秘·诀

腊鸡肉偏咸味，烹饪时可适当减少盐的用量。

炖·功·秘·诀

乳鸽不宜加太多调味品，以免影响其口感。

原料准备

乳鸽··········600克
水发银耳·······5克
水发陈皮·······2克
高汤·······300毫升
姜片··········少许
葱段··········少许

调料

盐··············3克
鸡粉···········2克
料酒············适量

烹饪时间：122分钟　口味：鲜

陈皮银耳炖乳鸽

制作方法

1. 锅中注入适量清水烧开，倒入处理好的乳鸽，略煮一会儿，捞出待用。

2. 将氽煮好的乳鸽，放入炖盅，加入姜片、葱段、银耳、陈皮。

3. 倒入高汤，加入盐、鸡粉、料酒，加盖待用。

4. 蒸锅中注入适量清水烧开，放入炖盅，蒸2小时至食材熟透，取出炖盅即可。

香菇田七鸡汤

烹饪时间：55分钟　口味：鲜

原料准备

鸡肉块·········350克

水发香菇·······30克

胡萝卜·········120克

姜片、田七、枸杞、

党参·········各少许

调料

盐·············2克

鸡粉···········2克

料酒···········4毫升

制作方法

1 洗净去皮的胡萝卜切滚刀块；香菇去蒂，对半切开。

2 沸水锅中倒入鸡肉，拌匀汆去血水，捞出备用。

3 砂锅中注水烧热，倒入姜片、田七、党参、胡萝卜、鸡肉、香菇，盖上盖，烧开后用小火煮约45分钟。

4 放入枸杞，用中火煮约5分钟，加入盐、鸡粉、料酒，拌匀调味，盛出煮好的汤料即可。

炖·功·秘·诀

香菇本身具有鲜味，可以少放或不放鸡粉。

黑枣枸杞炖鸡

烹饪时间：103分钟　　口味：鲜

原料准备

鸡肉............ 400克

枸杞.............. 8克

黑枣.............. 5克

葱段、姜片各少许

调料

料酒............ 8毫升

盐.................. 2克

鸡粉.............. 2克

胡椒粉.......... 适量

制作方法

1 锅中注水烧开，倒入鸡肉块，淋入料酒，将鸡肉汆去血水，捞出待用。

2 砂锅中注水烧热，倒入姜片、葱段、黑枣，放入汆过水的鸡肉。

3 淋入少许料酒，搅拌均匀。

4 盖上锅盖，烧开后转小火煮90分钟至食材熟透。

5 揭开锅盖，倒入枸杞，续煮10分钟。

6 加入少许盐、鸡粉、胡椒粉，搅拌均匀。

7 煮至食材入味，装入碗中即可。

炖·功·秘·诀

枸杞不宜煮太久，以免破坏其营养。

鹿茸炖乌鸡

烹饪时间：61分钟　　口味：鲜

原料准备

乌鸡············500克

鹿茸·············5克

姜片、葱段各少许

调料

盐····················3克

料酒·············9毫升

制作方法

1 锅中注水烧开，倒入乌鸡、料酒，氽去血水待用。

2 砂锅注水烧热，倒入乌鸡、生姜、葱段、鹿茸，淋入适量料酒。

3 盖上锅盖，烧开后转小火煮1小时至熟软。

4 加入少许盐，搅拌片刻，使食材入味，盛入碗中即可。

炖·功·秘·诀

鸡汤熬煮的时间较长，所以可适量的多加点水。

麦冬黑枣土鸡汤

烹饪时间：72分钟　口味：鲜

原料准备

鸡腿............700克

麦冬............5克

黑枣............10克

枸杞............适量

调料

盐............1克

料酒............10毫升

米酒............5毫升

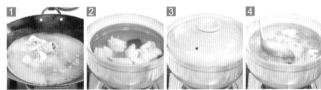

制作方法

1 锅中注水烧开，倒入鸡腿，加入料酒，拌匀，将鸡腿焯去血污，捞出待用。

2 另取砂锅，注水烧热，倒入麦冬、黑枣、鸡腿，加入料酒，拌匀。

3 用大火煮开后转小火续煮1小时至食材熟透。

4 加入枸杞、盐、米酒，拌匀，继续煮10分钟即可。

炖·功·秘·诀

焯煮鸡腿的时候可以加入适量生姜，能更有效地去除腥味。

腊鸭萝卜汤

烹饪时间: 23分钟　　口味: 鲜

原料准备

腊鸭块········240克

白萝卜········180克

胡萝卜··········80克

姜片、葱花各少许

调料

盐··················2克

鸡粉··············2克

胡椒粉··········少许

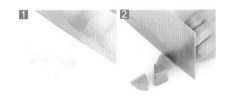

制作方法

1 将去皮洗净的白萝卜对半切开, 再切块。

2 胡萝卜切滚刀块。

3 锅中注入适量清水烧开, 倒入腊鸭肉, 煮沸汆去多余盐分, 捞出备用。

4 砂锅注入适量清水, 倒入腊鸭肉、白萝卜、胡萝卜、姜片。

5 盖上盖子, 大火煮沸后用小火煮20分钟。

6 揭盖, 放盐、鸡粉、胡椒粉, 拌匀调味。

7 盛出装碗, 撒上葱花即可。

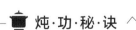

炖·功·秘·诀

通常, 腊制品在烹饪前应用温水清洗一遍, 或者放入沸水锅里汆烫, 这样可以去除杂质和多余的盐分。

PART 5

江河湖海有美味，
炖功中的"鲜"字诀

河鲜海鲜的味道鲜美，"炖"可使海鲜的鲜香味不易散失，制成的菜肴鲜香味足，而且汤汁清澄，既能暖胃，又能暖心。

冬瓜虾仁汤

烹饪时间：32分钟　　口味：鲜

原料准备 🥬

去皮冬瓜···· 200克

虾仁··········· 200克

姜片··············· 4克

调料 🥄

盐·················· 2克

料酒············· 4毫升

食用油··········· 适量

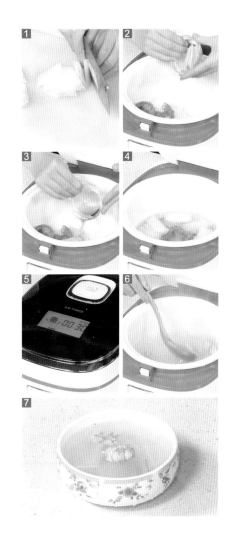

制作方法 🍲

1 洗净的冬瓜切片。

2 取电饭锅，倒入切好的冬瓜、洗净的虾仁
和姜片。

3 倒入料酒，淋入食用油。

4 加入适量清水至没过食材，搅拌均匀。

5 盖上盖子，按下功能键，煮30分钟至食材
熟软。

6 打开盖子，加入盐，搅匀调味。

7 断电后将煮好的汤装碗即可。

 炖·功·秘·诀

虾仁背部虾线含有很多有害物质，需事先去除并洗净。

凉薯胡萝卜鲫鱼汤

烹饪时间：64分钟　　口味：鲜

原料准备

鲫鱼............600克
去皮凉薯.....250克
去皮胡萝卜·150克
姜片、葱段、
罗勒叶.......各少许

调料

盐..................2克
料酒............5毫升
食用油..........适量

制作方法

1 胡萝卜、凉薯分别切滚刀块；鲫鱼身上划四刀，撒少许盐，抹匀，淋料酒，腌渍5分钟去腥。

2 热锅注油，放入鲫鱼，煎约2分钟，至两面微黄，加入姜片、葱段，爆香，注入适量清水。

3 放入凉薯、胡萝卜，加入盐，拌匀调味。

4 用中火焖1小时，盛入盘中，用罗勒叶点缀即可。

炖·功·秘·诀

热锅注油前可用姜片来回擦拭锅底，可防止煎鱼时粘锅。

双雪莲子炖响螺

烹饪时间：43分钟　口味：鲜

原料准备

雪梨…………200克

水发银耳……250克

水发螺片……50克

瘦肉…………15克

熟薏米………15克

鲜莲子………10克

水发干贝……10克

蜜枣…………10克

调料

料酒…………5毫升

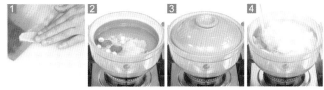

制作方法

1. 洗净的雪梨去皮、去核，切小块；螺片斜刀切薄片；银耳撕成小朵；瘦肉切成小丁。

2. 砂锅中注水，倒入瘦肉、薏米、蜜枣、螺片、干贝、莲子、雪梨、银耳，加入料酒，拌匀。

3. 加盖，用大火煮40分钟至食材熟透入味。

4. 揭盖，搅拌一下，关火后盛出煮好的汤，装碗即可。

🍲 炖·功·秘·诀

银耳煮制前一定要去掉黄色根部，否则会影响口感。

干贝冬瓜芡实汤

烹饪时间：62分钟　　口味：鲜

原料准备

冬瓜…………125克

排骨块………240克

水发芡实……80克

水发干贝……30克

蜜枣…………3个

姜片…………少许

调料

盐……………2克

制作方法

1 洗净的冬瓜切块。

2 锅中注入适量清水烧开，倒入洗净的排骨块，余煮片刻，捞出排骨，沥干待用。

3 砂锅中注入适量清水，倒入排骨块、芡实、蜜枣、干贝、姜片，拌匀。

4 加盖，大火煮开后转小火煮30分钟至熟。

5 揭盖，放入冬瓜块，拌匀，加盖，续煮30分钟至冬瓜熟。

6 加入盐，拌匀调味。

7 搅拌至食材入味，关火后盛入碗中即可。

🍲 炖·功·秘·诀

冬瓜洗净后可以不去皮，这样煮制时可以保持块状而不至于过烂。

娃娃菜鲜虾粉丝汤

烹饪时间：10分钟　　口味：鲜

原料准备

娃娃菜·········270克

水发粉丝····200克

虾仁···········45克

姜片、葱花各少许

调料

盐················2克

鸡粉············1克

胡椒粉·········适量

制作方法

1 粉丝切段；娃娃菜切成小段；虾仁切成小块，备用。

2 砂锅中注水烧开，放入姜片、虾仁、娃娃菜，盖上盖，煮开后用小火续煮5分钟。

3 加入少许盐、鸡粉、胡椒粉，拌匀。

4 放入粉丝，拌匀，煮至熟软，盛出撒上葱花即可。

炖·功·秘·诀

放入虾仁后最好搅拌几下，这样虾仁更易入味。

炖·功·秘·诀

煮这道汤的时候适量放点胡椒粉，味道更佳。

原料准备

鲤鱼............800克

木瓜............200克

红枣..............8克

香菜............少许

调料

盐..................1克

鸡粉..............1克

食用油..........适量

制作方法

1 木瓜削皮，去籽，切成块；香菜切段。

2 热锅注油，放入处理干净的鲤鱼，稍煎2分钟至表皮微黄，装盘待用。

3 砂锅注水，放入鲤鱼，倒入木瓜、红枣，拌匀，加盖，用大火煮30分钟至汤汁变白。

4 倒入切好的香菜，加入盐、鸡粉，搅拌至入味，关火后盛入碗中即可。

木瓜鲤鱼汤

烹饪时间：35分钟　口味：鲜

椒香啤酒草鱼

烹饪时间：15分钟　　口味：鲜

原料准备 🍴

草鱼肉⋯⋯⋯1000克

啤酒⋯⋯⋯⋯200毫升

圣女果⋯⋯⋯⋯90克

青椒⋯⋯⋯⋯⋯75克

蒜片、姜片各少许

调料 🥄

盐⋯⋯⋯⋯⋯⋯⋯3克

鸡粉⋯⋯⋯⋯⋯⋯3克

白糖⋯⋯⋯⋯⋯⋯3克

料酒⋯⋯⋯⋯⋯10毫升

生抽⋯⋯⋯⋯⋯10毫升

水淀粉⋯⋯⋯10毫升

胡椒粉⋯⋯⋯⋯少许

植物油⋯⋯⋯⋯适量

制作方法 🍚

1 将圣女果对半切开；青椒切圈；草鱼肉切块，加少许盐、料酒、胡椒粉，拌匀，腌渍10分钟。

2 锅置火上，放适量油烧热，放入鱼肉，煎出焦香味，放入姜片、蒜片，爆香，将鱼块翻面，煎至焦黄色。

3 加料酒、生抽、啤酒，再加盐，煮沸。

4 加盖，中火焖5分钟。

5 揭盖，放入青椒圈、鸡粉、白糖，倒入圣女果，加盖，再焖2分钟。

6 揭盖，放水淀粉，勾芡。

7 加少许油，炒匀，盛出装盘即可。

炖·功·秘·诀

焖鱼肉的时间不宜过长，且在焖熟前不要揭盖，这样才能焖出肉质鲜嫩的鱼肉。

海底椰响螺汤

烹饪时间：32分钟　　口味：鲜

原料准备

鲜海底椰···· 300克

水发螺片···· 200克

甜杏仁·········· 10克

蜜枣················ 3个

姜片·········· 少许

调料

盐···················· 2克

料酒············ 适量

制作方法

1 洗净的螺片斜刀切片。

2 砂锅中注水，倒入蜜枣、甜杏仁、螺片、海底椰、姜片，淋入少许料酒。

3 加盖，小火煮30分钟至析出有效成分。

4 加入盐，搅拌均匀至入味，盛入碗中即可。

炖·功·秘·诀

因为螺片形状不规则，所以用横刀切片为宜。

明虾海鲜汤

原料准备

明虾............30克

西红柿........100克

西蓝花........130克

洋葱............60克

姜片............少许

调料

盐................1克

鸡粉............1克

橄榄油........适量

制作方法

1 洋葱、西蓝花分别切成小块；西红柿去蒂，切小瓣。

2 锅内放橄榄油，爆香姜片，倒入洋葱、西红柿炒匀。

3 注入适量清水，放入明虾，用大火煮开后转中火煮约5分钟至食材熟透，倒入西蓝花，拌匀。

4 加入盐、鸡粉，拌匀，稍煮片刻至入味，关火后盛出煮好的汤，装碗即可。

🍲 炖·功·秘·诀

事先将明虾背上的虾线去除，可保证其清甜的味道。

清炖鱼汤

烹饪时间：41分钟　　口味：鲜

原料准备

沙光鱼·······300克
豆腐············75克
上海青·······20克
姜片···········10克
葱花···········3克

调料

盐················3克
水淀粉·······4毫升
料酒···········4毫升
食用油········适量

制作方法

1 上海青切成小段。

2 沙光鱼片倒入碗中，加入盐、水淀粉、姜片、食用油、料酒拌匀，腌渍半小时。

3 注入适量清水，搅匀，时间设置为30分钟。

4 打开盖，加入豆腐、上海青，拌匀。

5 再焖10分钟。

6 打开锅盖，放入葱花，拌匀。

7 将煮好的汤盛出装入碗中即可。

炖·功·秘·诀

鱼片可多腌渍片刻，能更好地去腥。

石斛花旗参炖龟

烹饪时间：102分钟　　口味：鲜

原料准备

乌龟块........300克

石斛、花旗参、

枸杞.........各少许

调料

盐..................2克

鸡粉............少许

生抽............3毫升

料酒............6毫升

制作方法

1 乌龟块倒入沸水锅中，淋料酒拌匀，汆去血渍待用。

2 砂锅中注水烧热，放入石斛、乌龟、花旗参、枸杞，淋上适量料酒，烧开后用小火煮约100分钟。

3 加入少许盐、鸡粉，淋入适量生抽。

4 拌匀调味，转大火略煮，至汤汁入味，盛出即可。

炖·功·秘·诀

制作此道汤饮时，可加入少许瘦肉块，这样味道会更鲜美。

炖·功·秘·诀

甲鱼块也可以先焯水再炖，可以去腥增鲜。

原料准备

甲鱼块········ 800克
桂圆肉·········· 8克
枸杞············· 5克
红参············· 3克
淮山············· 2克
姜片············· 少许

调料

盐················· 2克
鸡粉··············· 2克
料酒············· 4毫升

制作方法

1 砂锅中注入适量清水烧开，倒入姜片，放入备好的红参、淮山、桂圆肉、枸杞。

2 再倒入洗净的甲鱼块，淋入少许料酒。

3 盖上锅盖，用小火煮约1小时至其熟软。

4 揭开锅盖，加入少许盐、鸡粉，搅拌均匀，煮至食材入味，装入碗中即可。

烹饪时间：62分钟　口味：鲜

红参淮杞甲鱼汤

红腰豆鲫鱼汤

烹饪时间：20分钟　　口味：鲜

原料准备

鲫鱼·············300克

熟红腰豆·····150克

姜片············少许

调料

盐·················2克

料酒············适量

食用油·········适量

制作方法

1 用油起锅，放入处理好的鲫鱼。

2 注入适量清水。

3 倒入姜片、红腰豆，淋入料酒。

4 加盖，大火煮17分钟至食材熟透。

5 揭盖，加入盐，稍煮片刻至入味。

6 关火，将煮好的鲫鱼汤盛入碗中即可。

炖·功·秘·诀

鲫鱼处理干净后，把鱼身上的水擦干，这样烹调时不容易碎。

紫菜生蚝汤

烹饪时间：2分钟　　口味：鲜

原料准备

紫菜……………5克

生蚝肉………150克

葱花、姜末各少许

调料

盐………………2克

鸡粉……………2克

料酒…………5毫升

制作方法

1 锅中注入适量清水烧开，倒入生蚝肉，淋入料酒，略煮一会，将氽煮好的生蚝肉捞出，沥干水分，待用。

2 另起锅，注水烧开，倒入备好的生蚝、姜末、紫菜。

3 加入少许盐、鸡粉，搅匀。

4 略煮片刻至食材入味，盛入碗中，撒上葱花即可。

炖·功·秘·诀

煮生蚝时不宜用力搅拌，以免破坏生蚝的完整性。

枸杞海参汤

烹饪时间：61分钟　口味：鲜

原料准备

海参············300克

香菇············15克

枸杞············10克

姜片、葱花各少许

调料

盐···············2克

鸡粉···········2克

料酒···········5毫升

制作方法

1 砂锅中注入适量清水，大火烧热，放入海参、香菇、枸杞、姜片，淋入少许的料酒，搅拌片刻。

2 盖上锅盖，煮开后转小火煮1小时至熟透。

3 加入少许盐、鸡粉。

4 搅拌匀煮开，使食材入味，将煮好的汤盛出装入碗中，撒上葱花即可。

炖·功·秘·诀

海参泡发时，不可沾染油脂、盐、碱等，否则会妨碍其吸水膨胀，影响成菜的美味。

芥菜胡椒淡菜汤

烹饪时间：5分钟　口味：鲜

原料准备

淡菜肉·········70克

芥菜·········· 100克

调料

盐·················2克

黑胡椒粉········2克

食用油········· 适量

制作方法

1 洗净的芥菜斜刀切成块，待用。

2 用油起锅，倒入切好的芥菜，翻炒片刻。

3 注入适量清水。

4 煮约1分钟至沸腾。

5 倒入洗好的淡菜肉，搅匀。

6 加入盐、黑胡椒粉，拌匀调味。

7 煮约2分钟至食材熟软入味，装碗即可。

炖·功·秘·诀

喜欢吃较软口感的人可以将芥菜煮久一点，煮至用筷子轻松
戳穿即可。

红花当归炖鱿鱼

烹饪时间：41分钟　　口味：鲜

原料准备 🥜

鱿鱼干……… 200克

红花…………… 6克

当归…………… 8克

姜片………… 20克

葱条………… 少许

调料 🥄

料酒……… 10毫升

盐……………… 2克

鸡粉…………… 2克

胡椒粉……… 适量

制作方法 🧂

1　鱿鱼干用沸水氽煮去杂质，捞出沥干待用。

2　锅中注水烧开，放入料酒、盐、鸡粉、胡椒粉，加入红花、当归、姜片、葱条、鱿鱼干，搅拌匀，煮至沸。

3　将鱿鱼汤装入碗中，放入烧开的蒸锅中。

4　盖上盖，用中火隔水炖40分钟，捞出葱条即可。

炖·功·秘·诀

鱿鱼干炖煮前可以先用水泡发，这样可以缩短烹制时间。

腊鱼炖粉条

烹饪时间：12分钟　口味：鲜

原料准备

水发红薯粉条130克

腊鱼块·········80克

青椒···········40克

酸辣椒·········40克

姜片、蒜片、

葱段·········各少许

调料

盐···············1克

鸡粉············1克

老抽············3毫升

生抽············5毫升

料酒············5毫升

食用油··········适量

制作方法

1. 青椒切块；酸辣椒切小块；腊鱼用沸水汆煮，待用。

2. 用油起锅，爆香姜片、蒜片、葱段，放酸辣椒炒香。

3. 倒入腊鱼块，加入料酒、生抽，注入适量清水，倒入红薯粉条拌匀。

4. 用大火炖10分钟至熟软入味，倒入青椒，加入老抽、盐、鸡粉，炒匀调味，煮1分钟收汁，盛出即可。

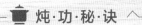

炖·功·秘·诀

腊鱼和生抽本身含有咸味，可不放盐。

苹果红枣鲫鱼汤

烹饪时间：10分钟　　口味：鲜

原料准备

鲫鱼··········· 500克

去皮苹果···· 200克

红枣·············· 20克

香菜叶·········· 少许

调料

盐·················· 3克

胡椒粉············· 2克

水淀粉、料酒、

食用油······· 各适量

制作方法

1　洗净的苹果去核，切成块。

2　在鲫鱼上撒适量盐，涂抹均匀，淋上料酒，腌渍10分钟至入味。

3　用油起锅，放入鲫鱼，煎约2分钟至两面呈金黄色。

4　注入适量清水，倒入红枣、苹果，大火煮开，加入盐，拌匀。

5　加盖，中火续煮5分钟至入味。

6　加入胡椒粉，倒入少许水淀粉拌匀。

7　盛入碗中，放上香菜叶即可。

炖·功·秘·诀

将鲫鱼去鳞、洗净后，放入盘中，倒入少许料酒，可去除鱼腥味，还能让鱼肉更鲜美。

> **烹饪秘诀**
>
> 下入萝卜片后，不可注入凉水，以免将鱼肉中的蛋白质冲散了，破坏其营养价值。

萝卜炖鱼块

烹饪时间：6分钟　口味：鲜

原料准备

白萝卜········ 100克
草鱼肉········ 120克
鲜香菇········· 35克
姜片、葱末、
香菜末······· 各少许

调料

盐················· 2克
鸡粉················ 2克
胡椒粉、花椒油、食
用油········· 各适量

制作方法

1 将洗净的香菇切粗丝；去皮洗净的白萝卜切成薄片；草鱼肉切成块，待用。

2 煎锅中注油烧热，爆香姜片，放入鱼块，用小火煎片刻至两面呈焦黄色。

3 倒入香菇、萝卜，翻炒几下，注入适量开水，加入盐、鸡粉、胡椒粉，用大火煮约3分钟，盛入碗中，撒上香菜末、葱末，待用。

4 另起锅，置于大火上，倒入少许花椒油烧热，浇在汤碗中即成。

虫草海马小鲍鱼汤

烹饪时间：65分钟　口味：鲜

原料准备

小鲍鱼·············70克

海马·················10克

冬虫夏草·········2克

瘦肉···············150克

鸡肉···············200克

调料

盐·····················2克

鸡粉·················2克

料酒···············5毫升

制作方法

1 瘦肉切成大块；鸡肉、瘦肉分别汆去血水，备用。

2 砂锅中注入适量清水，倒入海马、小鲍鱼、鸡肉、瘦肉，淋入料酒，拌匀。

3 盖上盖，用大火煮开后转小火煮1小时至食材入味。

4 加入盐、鸡粉，拌匀调味，装入碗中即可。

炖·功·秘·诀

汆煮鸡肉和瘦肉时，可以加入适量料酒和姜片，这样能有效去除腥味。

西洋参海底椰响螺汤

原料准备

西洋参、海底椰、
响螺片、无花果、
红枣、杏仁各适量
排骨块········200克

调料

盐··················2克

制作方法

1 将海底椰装入隔渣袋，系紧袋口，与红
　枣、西洋参、响螺片、杏仁、无花果一同
　用清水泡发10分钟，沥干备用。

2 锅中注水烧开，放入排骨，汆煮片刻，捞
　出排骨沥干。

3 砂锅中注入适量清水，倒入排骨、红枣、
　西洋参、响螺片、海底椰、杏仁，拌匀。

4 加盖，大火煮开转小火煮100分钟。

5 放入无花果，拌匀，加盖，续煮20分钟至
　无花果熟。

6 揭盖，加入盐，稍稍搅拌至入味。

7 关火后盛出煮好的汤，装入碗中即可。

炖·功·秘·诀

如果个人喜好重口味，可以适当增加盐的量。

炖·功·秘·诀

煎泥鳅时，食用油可多一些，以免把食材煎煳。

酱炖泥鳅

烹饪时间：18分钟　口味：鲜

原料准备

净泥鳅………350克
黄豆酱………20克
姜片、葱段、
蒜片………各少许
辣椒酱………12克
干辣椒………8克
啤酒………160毫升

调料

盐………2克
水淀粉、芝麻油、
食用油　各适量

制作方法

1 用油起锅，倒入泥鳅，煎出香味，盛出待用。

2 锅留底油烧热，撒上姜片、葱白、蒜片爆香，放入干辣椒、黄豆酱、辣椒酱，炒出香辣味。

3 注入啤酒，倒入煎过的泥鳅，加入少许盐，拌匀，转小火煮约15分钟，至食材入味。

4 倒入葱叶，用水淀粉勾芡，滴入少许芝麻油，炒匀，至汤汁收浓，装在盘中即可。

酸菜炖鲇鱼

烹饪时间：15分钟　口味：鲜

原料准备

鲇鱼块........400克

酸菜............70克

姜片、葱段、八角、

蒜头..........各少许

调料

盐................3克

生抽..........9毫升

豆瓣酱..........8克

鸡粉............4克

老抽..........1毫升

白糖............2克

料酒..........4毫升

生粉............12克

水淀粉、食用油各适量

制作方法

1 酸菜切成丝；鲇鱼加入生抽、盐、鸡粉、料酒、生粉拌匀，腌渍10分钟；蒜头、鲇鱼过油炸1分钟，备用。

2 锅底留油烧热，倒入姜片、八角爆香。

3 放入酸菜、豆瓣酱、生抽、盐、鸡粉、白糖炒匀。

4 注入清水煮沸，倒入鲇鱼翻炒均匀，淋入少许老抽、水淀粉勾芡，翻炒至入味，装入盘中，撒上葱段即可。

炖·功·秘·诀

炸鱼时油温不可太高，避免外层焦煳而内层不熟的情况。

金针菇豆腐炖鱼头

烹饪时间：13分钟　　口味：鲜

原料准备 🥬

鱼头.............. 半个

豆腐........... 200克

金针菇.........80克

姜片、香菜各少许

调料 🧂

盐、鸡粉..... 各2克

胡椒粉............1克

料酒..........10毫升

食用油......... 适量

制作方法 🍲

1 洗好的豆腐切小块；洗净的鱼头斩小块，备用。

2 用油起锅，放入鱼头，煎出焦香味，放入姜片，淋入料酒。

3 加入适量清水，煮至沸。

4 倒入豆腐、金针菇，拌匀，炖约10分钟至食材熟透。

5 加入盐、鸡粉调味。

6 撒上胡椒粉，拌匀。

7 装入碗中，点缀上香菜即可。

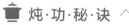

🍲 炖·功·秘·诀

可以先用生姜擦锅底，这样可以防止煎鱼头的时候粘锅。

炖·功·秘·诀

余煮甲鱼时可以放入少许姜片，这样能有效去除其腥味。

阿胶淮杞炖甲鱼

烹饪时间：120分钟　口味：鲜

原料准备

甲鱼块········800克
淮山············10克
枸杞············10克
阿胶············15克
鸡汤········200毫升
姜片············少许

调料

盐················2克
鸡粉············2克
料酒········10毫升

制作方法

1. 沸水锅中倒入洗净的甲鱼块，淋入料酒，略煮一会儿，余去血水，捞出备用。

2. 将甲鱼放入炖盅，注入鸡汤，放入姜片、淮山、枸杞，加入适量清水，盖上盖，待用。

3. 蒸锅中注入适量清水烧开，将阿胶放入炖盅，在阿胶里加入适量清水，用大火炖90分钟。

4. 在炖盅里加入盐、鸡粉、料酒，倒入溶化的阿胶，拌匀，盖上盖，续炖30分钟至熟即可。

黑龙江铁锅炖鱼

烹饪时间：17分钟　口味：鲜

原料准备

鲤鱼············600克

黄豆酱··········30克

干辣椒··········20克

肥肉············50克

蒜头············30克

八角、葱段、
姜片········各少许

调料

盐··················3克

鸡粉、白糖·各2克

陈醋、生抽各5毫升

水淀粉··········4毫升

料酒············10毫升

食用油··········适量

制作方法

1 蒜头拍扁；肥肉切小块；鲤鱼两面打十字花刀，抹盐、淋料酒，腌渍10分钟，用油煎至两面微黄。

2 另起锅注油烧热，倒入肥肉、八角、蒜头、干辣椒、葱段、姜片、黄豆酱，快速翻炒匀，倒入少许清水，放入生抽、鲤鱼、盐，盖上锅盖大火炖10分钟。

3 加入鸡粉、白糖、陈醋搅匀继续炖5分钟。

4 拣出八角，淋水淀粉使汤汁黏稠，浇在鲤鱼上即可。

炖·功·秘·诀

煎鲤鱼的时候可以多放点油，以免粘锅弄破鱼皮影响外观。

暖心甜品，
营养美味不停"炖"

一份好的甜汤不但能满足人们"食不厌精、脍不厌细"的口福，更能达到
"夏秋去暑燥、冬春防寒凉"的保健效果。

美容益肤汤

烹饪时间：20分钟　　口味：甜

原料准备 🥢

桂圆肉············8克

红枣·············6克

水发银耳······50克

山药············80克

调料 🥄

冰糖············适量

制作方法 🍲

1 将泡发好的银耳切去黄根，切成小块；去皮洗净的山药切丁，备用。

2 锅中注入适量清水，大火烧开，倒入桂圆、红枣，略煮片刻。

3 放入切好的山药，搅拌均匀。

4 盖上盖子，待水煮至再次沸腾。

5 揭开盖，将银耳倒入，搅匀，倒入冰糖，煮片刻。

6 待所有食材煮至熟软，持续搅动片刻使味道均匀。

7 将煮好的甜汤盛入碗中即可。

🍲 **炖·功·秘·诀**

去好皮的山药最好泡在盐水里，防止发生氧化变色。

陈皮绿豆沙

烹饪时间：120分钟　　口味：甜

原料准备 🥜

水发陈皮………5克

水发绿豆…300克

调料 🥄

冰糖…………适量

制作方法 🧂

1 泡好的陈皮切丝，备用。

2 砂锅中注入适量清水，倒入绿豆、陈皮，拌匀。

3 盖上盖，用大火煮开后转小火续煮2小时至食材熟软。

4 捞出豆皮，加入冰糖拌匀，煮至溶化，将煮好的绿豆沙盛入碗中，放凉后即可食用。

🍲 炖·功·秘·诀

可以在锅中加入一两滴食用油，这样煮出来的绿豆会更加软糯。

南瓜炖冬瓜

烹饪时间：27分钟　口味：甜

原料准备

南瓜…………200克

冬瓜…………185克

调料

蜂蜜……………适量

水淀粉…………适量

制作方法

1 将南瓜去除瓜瓤，切成小块；去皮的冬瓜切成粗丝。

2 砂锅中注入适量清水烧开，倒入南瓜块，拌匀，盖上盖，烧开后转小火煮约20分钟，至其熟软。

3 揭盖，淋入适量水淀粉，拌匀，煮至汤汁浓稠。

4 放入冬瓜拌匀，用中火煮约5分钟，至冬瓜熟透，加入适量蜂蜜，搅拌匀，用小火略煮片刻，装碗即成。

炖·功·秘·诀

勾芡时宜转大火，倒入水淀粉时不停搅拌。

杏果炖雪梨

烹饪时间：26分钟　　口味：甜

原料准备 🥄

雪梨…………150克

杏子…………90克

调料 🥄

冰糖…………25克

制作方法 🍲

1　洗净的雪梨去皮、去核，再切小块；杏切去果皮，果肉切小块，备用。

2　锅中注入适量清水烧热，倒入备好的雪梨、杏子，搅拌匀。

3　盖上盖，烧开后用小火煮约15分钟，至其变软。

4　揭盖，倒入冰糖，拌匀。

5　盖上盖，用小火煮约10分钟至冰糖溶化。

6　揭开盖，搅拌均匀。

7　关火后，盛出煮好的甜汤即可。

🍲 炖·功·秘·诀

雪梨可以不去皮，润肺效果会更好。

芒果雪梨糖水

烹饪时间：3分钟　　口味：甜

原料准备

雪梨…………160克

芒果肉…………65克

调料

冰糖…………适量

制作方法

1 芒果肉切条形，改切成丁。

2 洗净的雪梨取肉，切小块。

3 汤锅中注入适量清水烧热，倒入切好的水果。

4 放入备好的冰糖，搅拌匀，略煮一会儿，至冰糖溶化，关火后盛出煮好的糖水，装入碗中即成。

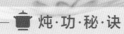 **炖·功·秘·诀**

最好选用八成熟的芒果，这样糖水的饮用价值会更高。

炖·功·秘·诀

山药切好后若不立即使用，可放入加了白醋的清水中浸泡，这样可以防止氧化变色。

原料准备

桂圆·············35克
红枣·············20克
山药·········· 100克

调料

冰糖·············20克

制作方法

1 戴上一次性手套，把洗净、去皮的山药切成小块。

2 砂锅中注水烧开，倒入桂圆、红枣，拌匀，盖上盖，用大火煮开后转小火煮30分钟至熟。

3 倒入山药，拌匀，盖上盖，继续煮20分钟。

4 加入冰糖，搅拌至溶化，关火后盛出煮好的汤，装入碗中即可。

桂枣山药汤

烹饪时间：52分钟　口味：甜

木瓜莲子炖银耳

烹饪时间：113分钟   口味：甜

原料准备 🥄

泡发银耳···· 100克

莲子··········· 100克

木瓜··········· 100克

调料 🥄

冰糖·············· 20克

制作方法 🍳

1 砂锅中注入适量清水，倒入泡发银耳、莲子，拌匀。

2 盖上盖，大火煮开之后转小火煮90分钟至食材熟软。

3 揭盖，放入切好的木瓜、冰糖，拌匀。

4 盖上盖，小火续煮20分钟。

5 揭盖，搅拌一下。

6 关火后盛出炖好的汤料，装入碗中即可。

🍲 **炖·功·秘·诀**

莲子可以用温水泡发后再炖，这样更易炖熟。

甜杏仁绿豆海带汤

烹饪时间：50分钟　　口味：甜

原料准备 🥜

甜杏仁·········20克

绿豆·········100克

海带·········30克

玫瑰花·········6克

制作方法 🍲

1 砂锅中注水烧开，倒入甜杏仁、泡好的绿豆，拌匀。

2 盖上盖，用大火煮开后转小火续煮30分钟至食材熟软。

3 揭盖，加入海带丝、玫瑰花，拌匀。

4 盖上盖，续煮15分钟，关火后盛出煮好的汤，装碗即可。

> 🍲 炖·功·秘·诀
>
> 煮制之前要一次性加足清水，以免过程中加水冲淡味道。

白芍炖梨

烹饪时间：43分钟　口味：甜

原料准备

梨............200克

白芍............3克

麦冬............5克

西洋参............2克

调料

冰糖............少许

制作方法

1 洗净去皮的梨切成瓣，去核，切成小块，备用。

2 砂锅中注入适量清水，用大火烧热，倒入备好的白芍、麦冬、西洋参、梨块。

3 盖上锅盖，用大火煮半小时。

4 揭开锅盖，倒入备好的冰糖，搅拌匀，煮至溶化，再煮10分钟至汤汁入味，盛入碗中即可。

炖·功·秘·诀

梨有甜味，因此可以少加点冰糖。

益母莲子汤

烹饪时间：120分钟　　口味：甜

原料准备

益母草、莲子、
红枣、山楂、
银耳………各适量
排骨块………200克

调料

冰糖…………适量

制作方法

1 将所有材料分别洗净，沥干水分；益母草
　装入隔渣袋中，系好；红枣、山楂泡发10
　分钟；银耳泡发30分钟；莲子泡发1小时。

2 将泡发好的银耳切去根部，切成小朵。

3 砂锅中注入适量清水烧开，放入排骨块，
　汆煮片刻，捞出备用。

4 砂锅中注水烧开，放入所有材料拌匀。

5 加盖，用大火煮开后转小火续煮105分钟。

6 加入冰糖，拌匀。

7 继续煮15分钟至冰糖溶化，装碗即可。

炖·功·秘·诀

可以根据自己的喜好选择其他肉类，如鸡肉等。

百合枇杷炖银耳

烹饪时间：18分钟　　口味：甜

原料准备 🥬

水发银耳⋯⋯⋯70克
鲜百合⋯⋯⋯⋯35克
枇杷⋯⋯⋯⋯⋯30克

调料 🥄

冰糖⋯⋯⋯⋯⋯10克

制作方法 🍯

1 洗净的银耳去蒂，切成小块；枇杷去核，切成小块。

2 锅中注入适量清水烧开，倒入枇杷、银耳、百合。

3 盖上盖，烧开后用小火煮约15分钟。

4 揭盖，加入适量冰糖，拌匀，煮至溶化，关火后盛出炖煮好的甜汤即可。

炖·功·秘·诀

银耳宜用温水泡发，泡发后应去掉未发开的部分。

炖·功·秘·诀

泡发好的绿豆比较容易发芽，所以最好立刻烹煮。

原料准备 🥜

水发绿豆·····140克

水发莲子·····130克

熟红腰豆·····130克

调料 🥄

红糖············适量

制作方法 🍲

1 砂锅中注入适量清水烧热，倒入洗净的绿豆、莲子、红腰豆，搅拌匀。

2 盖上锅盖，煮开后转小火煮1小时至熟。

3 倒入适量红糖，搅匀，继续煮5分钟至入味。

4 掀开锅盖，持续搅拌片刻，关火，将汤盛出装入碗中即可。

烹饪时间：66分钟　口味：甜

红腰豆绿豆莲子汤

红薯莲子银耳汤

烹饪时间：47分钟　　口味：甜

原料准备 🥔

红薯············130克

水发莲子·····150克

水发银耳····200克

调料 🥄

白糖·············适量

制作方法 🍲

1 将洗好的银耳切去根部，撕成小朵；去皮洗净的红薯切丁。

2 砂锅中注水烧开，倒入莲子、银耳。

3 盖上盖，烧开后改小火煮约30分钟，至食材变软。

4 倒入红薯丁，拌匀。

5 用小火续煮约15分钟，至食材熟透。

6 揭盖，加入少许白糖，拌匀，转中火煮。

7 煮至冰糖完全溶化，将煮好的甜汤盛在碗中即可。

🍲 **炖·功·秘·诀**

煮银耳的时间可长一些，这样口感会更爽滑。

炖·功·秘·诀

红枣的核是热性的，可以事先去掉，这样可以起到去燥的作用。

原料准备

红豆·············80克
花生·············60克
红枣·············5颗
桂圆·············10克

调料

红糖·············10克

经典美颜四红汤

烹饪时间：60分钟　口味：甜

制作方法

1 砂锅中注水烧开，倒入浸泡过的红豆、花生，搅拌均匀。

2 加盖，用大火煮开后转小火续煮30分钟至食材七八分熟软。

3 加入桂圆肉、红糖，继续煮约15分钟。

4 加入红枣，焖煮10分钟至食材入味，将煮好的甜汤装碗即可。

芒果炖银耳汤

烹饪时间：120分钟 口味·甜

原料准备

芒果·············300克

水发银耳·····150克

调料

冰糖·············15克

制作方法

1 银耳切去根部，切成小朵；洗净去皮的芒果切块。

2 取电饭锅，倒入银耳、芒果块、冰糖，注入适量清水至水位线，拌匀。

3 盖上盖，按"功能"键，调至"甜品汤"功能，时间为2小时，开始炖煮。

4 稍稍搅拌至入味，装入碗中即可。

炖·功·秘·诀

冰糖的量可以根据自己的喜好添加。

花生健齿汤

烹饪时间：52分钟　　口味：甜

原料准备 🥄

莲子…………50克

红枣……………5颗

花生………100克

调料 🥄

白糖……………15克

制作方法 🍳

1 砂锅中注水烧开，加入花生、泡好的莲子，拌匀。

2 盖上盖，用大火煮开后转小火续煮30分钟至食材熟软。

3 加入洗净的红枣。

4 盖上盖，继续煮20分钟。

5 加入白糖，搅拌至溶化。

6 关火后盛出煮好的汤，装碗即可。

🍲 炖·功·秘·诀

莲子需提前浸泡4小时左右，这样煮的时候容易熟软。

炖·功·秘·诀

可以用冰糖替代白糖，这样味道会更清甜。

原料准备

水发银耳·····250克

红枣··············50克

调料

白糖··············15克

烹饪时间：43分钟　口味：甜

调经补血汤

制作方法

1 泡好洗净的银耳切去黄色根部，改刀切小块。

2 砂锅中注水烧开，倒入切好的银耳、红枣。

3 盖上盖，用大火煮开后，转小火续煮40分钟至食材熟软。

4 揭盖，加入白糖，拌匀至溶化，关火后盛出煮好的甜汤，装碗即可。

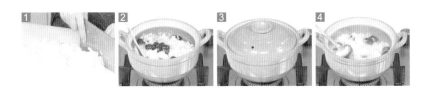

芦荟银耳炖雪梨

烹饪时间：26分钟　口味：甜

原料准备

芦荟................85克

水发银耳......130克

红薯............100克

雪梨............110克

枸杞............10克

调料

冰糖............40克

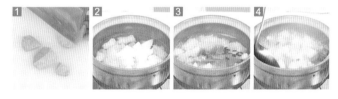

制作方法

1 洗净去皮的雪梨去核，切成小块；红薯切成小块；芦荟切成小块；银耳切去黄色根部，再切成小块。

2 砂锅中注水烧开，倒入红薯、银耳、雪梨，搅拌匀，盖上盖，用小火煮20分钟，至食材熟软。

3 加入冰糖、枸杞、芦荟，搅匀，用小火续煮5分钟。

4 搅匀，将煮好的甜汤装入碗中即可。

炖·功·秘·诀

如果喜欢吃口感黏稠、软糯的银耳，可以用温水将银耳泡发，撕碎再炖煮，这样更容易煮软。

麦冬银耳炖雪梨

烹饪时间：92分钟　　口味：甜

原料准备

雪梨············200克
水发银耳·····120克
麦冬············10克

调料

冰糖·············30克

制作方法

1 洗净的雪梨切开，去籽，切块。

2 砂锅注水，倒入银耳、雪梨、麦冬、冰糖，搅拌均匀。

3 用大火煮开后转小火炖90分钟。

4 揭盖，搅拌一下，关火后盛出甜品汤，装碗即可。

炖·功·秘·诀

银耳泡好后需将黄色根部切除，以免影响口感和味道。

海底椰炖雪蛤油

烹饪时间：32分钟　口味：甜

原料准备

海底椰…………70克

杏仁……………50克

水发雪蛤油…75克

枸杞……………30克

调料

冰糖……………50克

制作方法

1　砂锅中注入适量清水，倒入海底椰、杏仁、枸杞、雪蛤油，拌匀。

2　加盖，大火煮开后转小火煮20分钟至熟。

3　揭盖，加入冰糖，拌匀，续煮10分钟至冰糖溶化。

4　揭盖，稍稍搅拌至入味，关火后盛出煮好的汤，装入碗中即可。

炖·功·秘·诀

雪蛤油泡发好之后，要去净黑膜和污物，用沸水加姜片汆煮2分钟，清水洗净才能彻底去除腥味，此时再进行烹调。

雪蛤油木瓜甜汤

烹饪时间：32分钟　　口味：甜

原料准备 🌽

木瓜…………160克

水发西米……110克

红枣…………45克

水发雪蛤油…90克

椰奶…………30毫升

制作方法 🍲

1 洗净的木瓜去皮，切成丁，待用。

2 砂锅中注入适量清水，倒入西米、红枣、雪蛤油拌匀。

3 加盖，大火煮开后转小火煮30分钟。

4 揭盖，加入木瓜丁、椰奶，稍煮片刻至沸腾，装入碗中，按口味调味即可。

🍲 炖·功·秘·诀

木瓜最好先削去瓜瓤再煮汤，这样味道会更好。